*Esthetic Practice*
*First Edition*

# 피부미용실기

한영숙 · 김주연 · 장미혜 · 이영순 · 최숙경 · 함명옥 · 강성례 · 김귀정 · 김선옥 · 김연진
김은희 · 김정숙 · 박경준 · 윤미연 · 이명선 · 이연희 · 임미라 · 임진숙 · 장문정 · 장태수
전혜정 · 조소은 · 최미옥 · 최성임 · 표영희 · 하명희 · 한채정 · 홍란희 · 황해정 공 저

부록 : 피부미용실기 동영상 CD

청구문화사

# 머리말

현대는 생활수준의 향상으로 건강하고자 하는 기본적인 욕구를 넘어 아름다운 삶을 영위하려는 욕구가 증대되고 있습니다. 국민 GNP가 상승할수록 피부미용 분야의 발전은 상승곡선을 그리게 되어 있습니다. 아름다움에 대한 욕구 중에서도 피부의 아름다움에 대한 욕구가 가장 크며 이에 따라 전문피부미용인의 수요가 사회적으로 증대하게 되었습니다. 이에 국가에서도 피부미용사 국가자격제도의 필요성을 인식하게 되었고 올해 처음으로 실시하게 되었습니다. 이러한 국가정책 속에서의 피부미용은 산업체뿐만 아니라 학계에서도 학문의 발전을 위해 고무적인 영향을 미치게 되었습니다.

본 교재는 대학에서 피부미용학을 전공하는 학생들을 위한 피부미용실기 교재로써, 집필진들은 교육계와 산업체에서의 다년간 축적된 이론과 실기를 묶어 실기 향상뿐만 아니라 피부미용실기 동영상이 첨부되어 실기를 익히는데 많은 도움이 될 수 있게 하였으며 국가자격증 시험에도 대비할 수 있도록 구성하였습니다. 미국이나 유럽에서는 20여년 전부터 위생적인 측면을 심각히 고려하여, 관리실에서 스폰지를 거의 사용하지 않고 있습니다. 현재 미국의 경우, 피부미용사 State board 시험에서도 스폰지 사용을 전혀하지 않고 있습니다. 본교재의 동영상에서는 cotton 테크닉을 쉽게 이해할 수 있도록 하였습니다.

최대한의 심혈을 기울여 준비하였으나, 정리를 끝내고 보니 아직도 미흡한 부분들이 있음을 절감합니다. 이러한 부분들은 앞으로 계속하여 연구 보완할 것을 약속드립니다. 부디 이 작은 책자가 국가자격증 시험을 준비하는 여러분들께 많은 도움이 되기를 바랍니다.

끝으로 이 책이 나올 수 있도록 힘써주신 청구문화사의 이상태 사장님과 임·직원들, 촬영을 도와주신 연동흠 사진작가를 포함한 모델들께도 모두 감사의 말씀을 드립니다.

2008년 10월 27일
저자 일동

# 목 차

## 제1장 안면관리

# I 안면관리

## 1. 클린징(Cleansing)

### 1) 목적 및 효과

- 피부표면의 분비물(피지, 땀), 환경오염으로 인한 물질(먼지 등), 메이크업 잔여물 제거
- 깨끗하고 건강한 피부상태
- 정확한 피부분석 용이

### 2) 클린징 종류와 특징

#### (1) 물 세안

| 물의 온도 | 효 과 |
|---|---|
| 찬물 | 가벼운 세정효과, 혈관수축, 수렴효과, 피부 긴장감 |
| 미지근한 물 | 가벼운 세정 및 각질제거 용이, 피부 안정감, 혈액순환 증진 |
| 따뜻한 물 | 세정효과 크며 각질제거 용이, 혈관 가볍게 확장, 혈액순환 증진 |

### (2) 비누 세안

- 일반적으로 동·식물 유지와 수산화나트륨으로 만든 알칼리성 제품
- 약한 살균력이 있음
- 세정력은 우수하나 피부 수·지질막을 손상시켜 일시적으로 피부가 건조해지기 쉬움

> - 최근에는 중성, 약산성비누도 출시되고 있음
> - 피부 복원력이 있어 일시적 수·지질막 손상은 약 3시간 전후 원상태로 되돌아 가려는 성질이 있음

### (3) 포인트 메이크업 리무버(point make-up remover)

- 눈과 입술화장을 지울 때 사용되는 전용 제품
- 눈물과 비슷한 pH를 띄고 있는 상태
- 액상 타입과 오일 타입 등이 있다.

### (4) 클린징 로션(cleansing lotion)

- 대부분 수중유형인 O/W(oil in water) 친수성 타입임
- 건조를 방지하고 피부유형별 사용이 가능

### (5) 클린징 크림(cleansing cream)

- 대부분 유중수형인 W/O(water in oil) 친유성 타입임
- 세정력이 우수
- 광물성 유성원료를 함유하는 경우 잔여물이 모공을 막을 수도 있음
- 유화된 유분과 수분의 용해작용에 의해 유성성분 제거에 효과적

### (6) 클린징 오일(cleansing oil)

- 짙은 화장 제거시 가장 효과적임

### (7) 클린징 젤(cleansing gel)

- 주로 오일성분이 없는 점액질 수성원료
- 세정력이 우수하며 흡착력이 좋음

### (8) 클린징 워터(cleansing water)

- wet cotton에 적당량 묻혀 피부결 따라 닦아냄
- 끈적거림이 없고 가벼우면서 산뜻하고 시원한 사용감
- 가벼운 화장 제거시 효과적

### (9) 폼 클린징(foam cleansing)

- 비누성분과 저자극 계면활성제에 보습과 유성성분 첨가한 형태
- 부드러운 크림형태로 물과 함께 거품을 내어 사용

### (10) 클린징 티슈(cleansing tissue)

- 휴대가 용이하여 여행이나 외출 시 화장을 고칠 때 편리하게 사용

### (11) 스킨로션(skin lotion)

- 정제수, 에탄올, 보습제 등을 배합한 투명한 액체형태
- 클린징의 마지막 단계로서 피부 pH균형을 도와줌
- 각질층에 수분을 공급하고 피부정돈을 도와줌

## 3) 유의사항

- 포인트 메이크업 제거시 눈이나 입술에 제품이 들어가지 않게 주의
- 눈 화장 제거시 눈을 세게 누르지 않음
- 입술화장 제거시 한 손은 입술꼬리를 고정하고 다른 손으로 닦아냄
  (입술꼬리에서 입술중앙 방향으로 제거)
- 얼굴화장 제거시 오랜 시간 러빙 할 경우 피부의 트러블이 생기지 않도록 주의
- 너무 잦은 세안은 피부 수·지질막을 파괴할 우려가 있음
- 메이크업 잔여물이 남지 않도록 매우 섬세하게 제거

## 4) 기법

헤어 터번 - 손 소독 - 포인트 메이크업 리무버 - 클린징(얼굴 및 데콜테) - 티슈오프 - 해면스폰지 또는 wet cotton - 스킨로션

[클린징 단계]

- 포인트 메이크업 클린징 : 화장솜에 포인트 메이크업 리무버를 적당량 묻혀 입술과 눈에 올려준 후 제거
- 안면 및 데콜테 클린징 : 피부 유형에 맞는 제품으로 빠른 시간 내에 가볍게 클린징 후 티슈오프, 해면 스폰지 또는 wet cotton으로 정리하되 잔여물이 남지 않아야 함
- 피부정돈 : 스킨로션을 화장솜에 적당량 묻혀 피부결 따라 가볍게 정리

- 클린징 제품은 계면활성제가 많이 함유되어서 오랜 시간 러빙 하거나 물을 섞어 마사지하듯 사용하면 심한 자극을 주므로 피해야 함
- 두꺼운 메이크업을 한 경우 오랫동안 마사지 하듯 러빙 하면 메이크업 제품이 모공을 통해 침투되어 피부트러블을 유발할 수 있음

### (1) 헤어 터번 사용

※ 고객이 누운 머리의 위치는 침대 끝과 나란히 맞추기

### (2) 손 소독

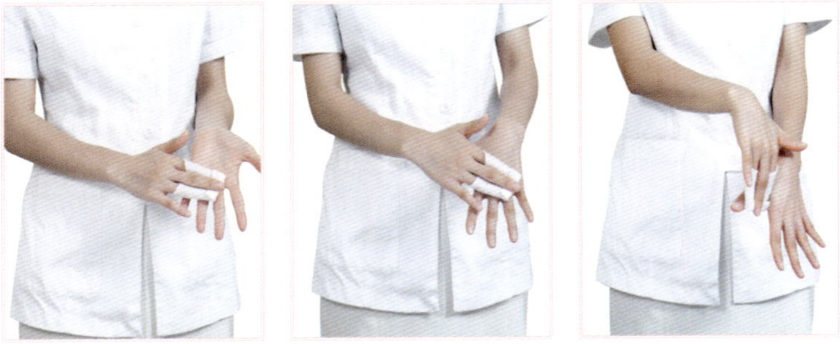

※ Wet cotton 이용시 소독력이 떨어지므로 Dry cotton을 이용하거나 스프레이로 뿌려주기
  알코올을 묻혀 손 비벼주면서 소독해주기

### (3) 포인트 메이크업

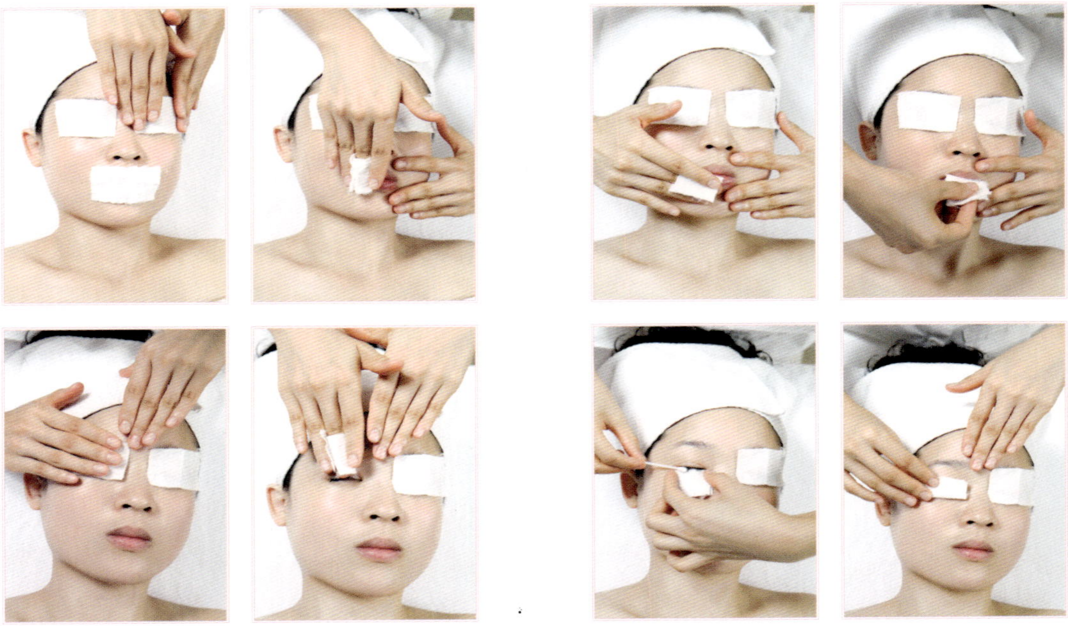

### (4) 클린징

데콜테 - 목 - 턱 - 볼 - 코 - 이마 순으로 가볍고 신속하게 제거

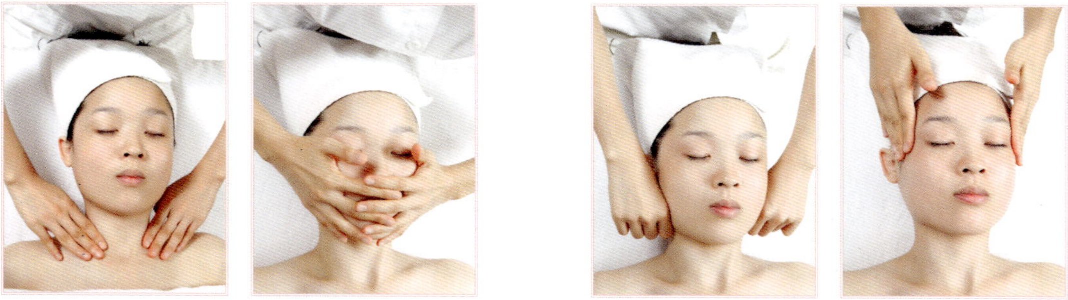

### (5) 티슈오프(Tissue off) 사용법

(6) 해면스폰지 사용법 : 눈 - 이마 - 코 - 볼 - 인중 - 턱 - 목 - 데콜테

(7) 습포 사용법 : 눈 - 이마 - 코 - 볼 - 턱 - 목 - 데콜테 순으로 닦아내기

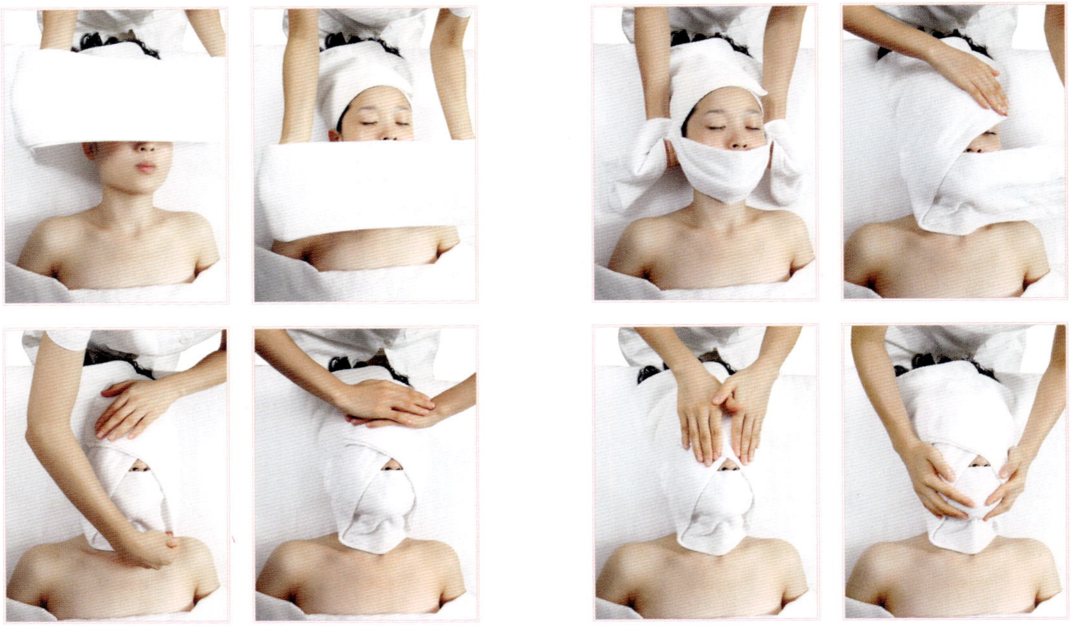

※ 목과 가슴 부위는 반대쪽도 동일하게 적용

## (8) 피부정돈

## [wet cotton 사용법]

① 가로(너비) : 손 너비 × 3

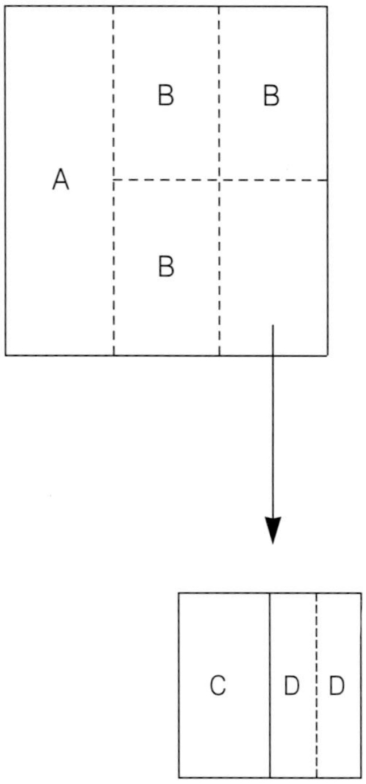


② 세로(길이) : 손 길이 + 손 너비

A : Soup spoon(tapping & molding / wet compress mask) 1개

B : Round Pads 3개(클린징, 피부정돈 등)

C : Eye pad 1개(피부분석, 딥 클린징, 면포짤 때, 팩 적용시)

D : 조각솜 2개(면포짤 때, 포인트 메이크업 지울 때 등)

## [클린징 단계]

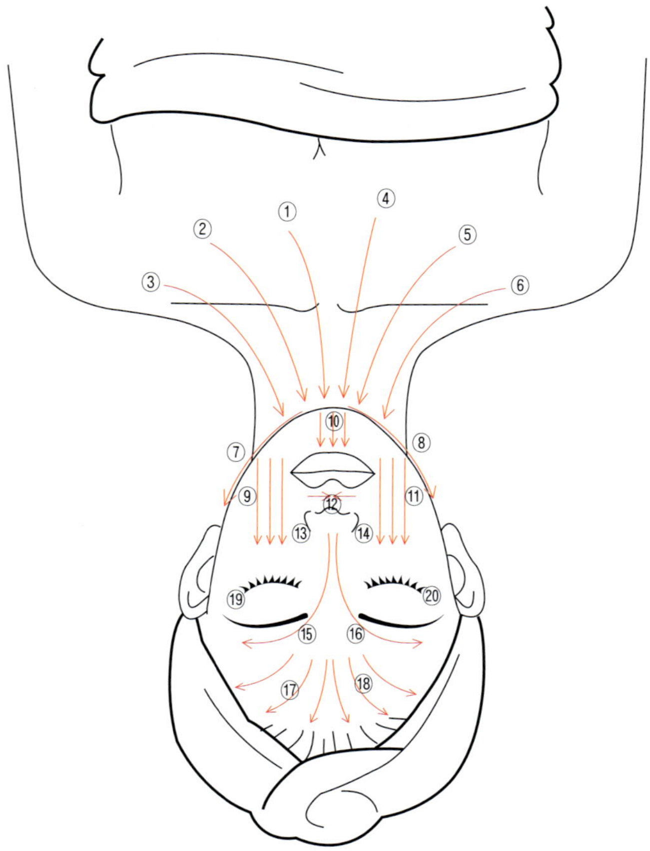

a

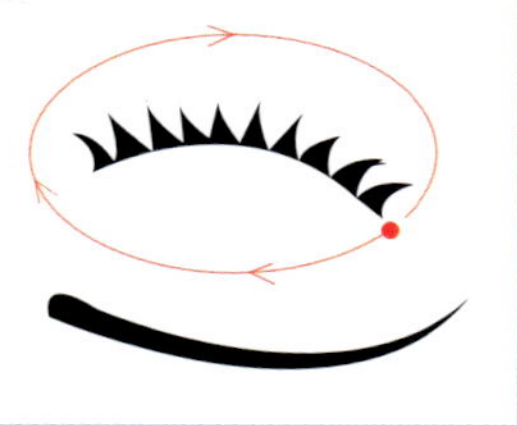

wet cotton으로 눈꼬리에서 눈밑을 돌아 눈꼬리 부위까지 타원형으로 돌리면서 닦아준다.

b

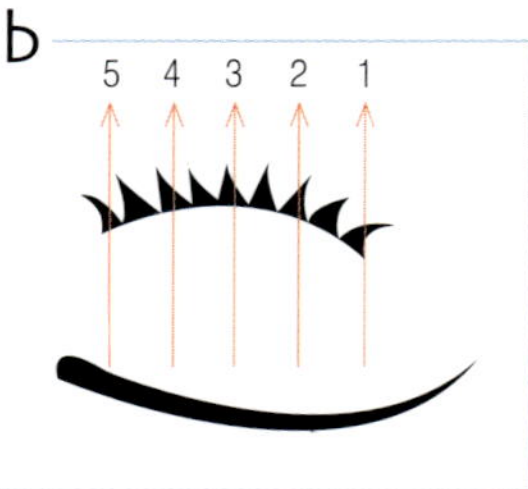


눈꼬리부터 눈머리 방향으로 위에서 아래로 5등분하여 닦아준다.

c

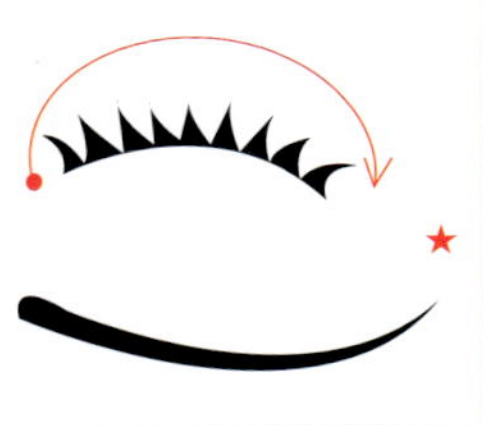

눈머리에서 눈아래 부위를 거쳐 관자놀이에서 살짝 압을 주면서 멈춘다.

★ 관자놀이

■ wet cotton 이용한 클린징 방법 : 목 – 턱 – 볼 – 인중 – 코 – 이마 – 눈

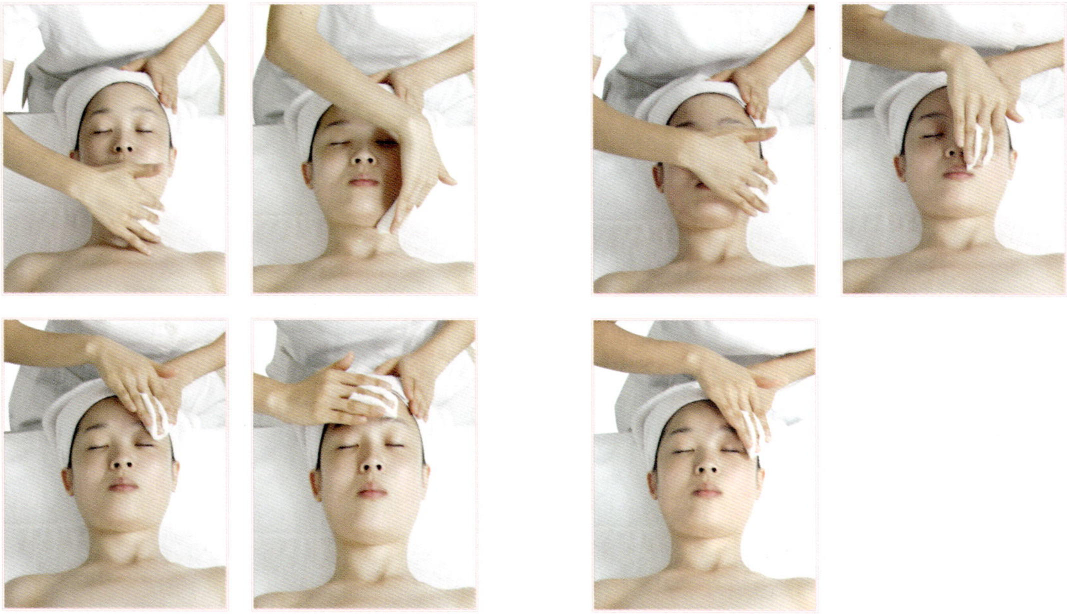

■ wet cotton 이용한 피부정돈 : 양 손에 wet cotton을 2 · 3 · 4지에 끼워 3지로 고정시킨 후 스킨로션을 양 솜에 3~4방울 이상 떨어뜨려 사용함

## 2. 피부분석(Skin Analysis)

### 1) 목적 및 효과

- 고객의 피부상태를 정확히 파악하여 적합한 관리를 해줌으로써 건강하고 아름다운 피부를 갖게 함
- 피부유형에 적합한 화장품 선정과 조언을 해줌

### 2) 피부유형

피부의 미적 특징들은 각질층에 부드러움과 유연함을 주는 수・지질막(hydro-lipid film) 구성 조합에 의하여 결정됨.

지성 피부(Oily skin), 건성 피부(Dry skin), 정상 피부(Normal skin)으로 크게 구분

#### (1) 정상 피부(Normal skin)

- 피지선과 한선의 기능이 정상인 가장 이상적인 피부
- 유・수분의 균형이 적절, 피부결 섬세
- 모공섬세, 탄력성 좋음, 세안 후 당기지 않음
- 피부 이상인 색소, 여드름, 잡티 현상이 없음
- 피부색이 분홍빛, 전반적으로 주름이 없음
- 표피 두께 적당하며 두껍거나 얇지 않음

#### (2) 건성 피부(Dry skin)

[원인]

- 태양, 기후(추위, 바람)
- 화학적 요인(수・지질막 파괴시키는 알칼리성 비누, 세척제, 소독제 등)
- 가정의 실내환경(너무 덥거나 너무 건조한 상태)
- 가족력(선천적 요인)

[특징]

- 피부표면이 항상 건조하며 윤기가 없음
- 세안 후 손질을 하지 않으면 피부가 심하게 당김

- 피부가 얇고 외관으로 피부결이 섬세해 보이며 모공이 작음
- 표정에 따라 잔주름이 쉽게 발생
- 화장이 들뜨고, 잘 받지 않으며 각질이 발생

[건성피부의 다양한 형태]

| 정의 | 원인 | 생물학적 변화 |
|---|---|---|
| 지질부족으로 인한 건성피부 | 선천적 이상 | 피부 생성의 감소 |
| 각질 수분부족 건성피부 | 선천적 이상<br>외적 요인(기후, 화학물질) | 각질층의 자연보습인자의 부족으로<br>수분함유량 감소 |
| 표면적 건성 피부 | 나이<br>태양 | 각질 탈락 이상<br>각질층의 비후 |
| 병적인 건성 피부 | 닭살<br>어린선 | 각질층 수분 함유량의 감소와 각질화 이상 |

### (3) 지성 피부(Oily skin)

[원인]

- 남성호르몬, 과도한 스트레스, 갑상선호르몬 장애, 환경오염 등

[특징]

- 피부 번들거림이 심함, 화장이 쉽게 지워짐
- 모공이 넓고, 청결해 보이지 않음
- 각질층이 비후하여 피부가 두껍게 보임
- 외부자극에 대한 저항력이 비교적 강하며 쉽게 예민해지지 않음
- 면포 등 여드름 발전 현상이 나타날 수 있음

### (4) 복합성 피부(Combination skin)

[원인]

- 환경, 피부관리 습관, 호르몬의 불균형 등의 후천적 요인

[특징]

- 2가지 이상의 피부타입이 복합적으로 나타나는 피부
- T존 부위에 모공이 크며 피지가 많이 분비
- U존 부위는 특히 건성, 색소침착, 예민 등의 증상이 많이 나타남

### (5) 민감성 피부(Sensitive skin)

[원인]

- 잘못된 세안 습관, 화장품의 오남용, 기후(추위, 바람, 오염의 혼합) 등

[특징]

- 자극에 빠르고 민감한 반응 일으키는 피부
- 홍반, 충혈, 염증 등의 피부 증세 쉽게 나타남
- 냉, 열, 화장품, 햇빛, 기후의 악조건 등에 쉽게 예민해짐
- 색소침착, 조기노화, 피부염이 잘 생길 수 있음

### (6) 노화 피부(Aging skin)

[원인]

- 태양(과도한 자외선)
- 환경 자극(추위, 건조함, 바람, 오염 등)
- 영양의 부족(비타민A,C,E, 구리, 셀레늄 등)
- 기계적 요인(얼굴 피부의 지속적인 당김은 주름을 깊게 형성)
- 여성의 에스트로겐 결핍(폐경기 이후의 여성 급속 노화)
- 흡연(니코틴의 혈관수축으로 인한 산소공급 감소)
- 가족력(선천적인 요인)

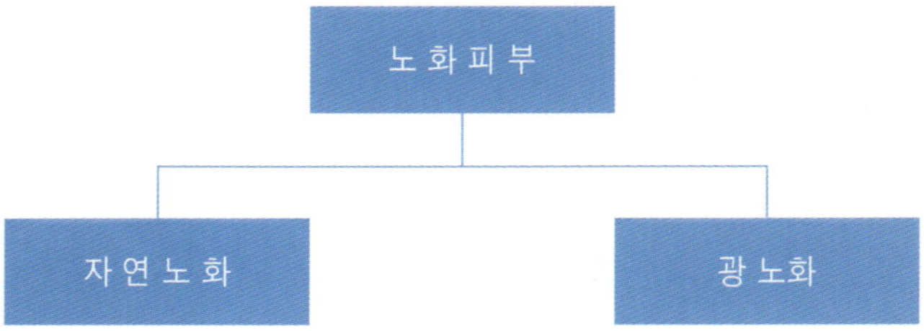


[노화피부의 구조적 변화]

- 자연노화 : 피부 외피 전체와 피부의 모든 구조에 영향을 미침
- 광 노화 : 노출 신체 부위에 영향을 미침

[자연노화 & 광 노화의 특징]　　(↓ 감소 ↑ 증가)

| | 자연노화 | 광 노화 |
|---|---|---|
| 두께 | ↓ | ↑ |
| 섬유아세포 | ↓ | ↓ |
| 교원질 | 구조는 불변, 다발감소 | 변성, 다발감소 |
| 탄력섬유 | ↓ | (비정상 ↑ 탄력섬유 수) |
| 점액 다당질 | ↓ | ↑ |
| 피부 혈액순환 | ↓ | 빈번한 혈관확장 |

### (7) 여드름 피부(Acne skin)

[원인]

- 남성호르몬, 화장품사용 오남용, 환경오염, 소화장애, 스트레스, 스테로이드 과잉사용, 가족력, 불청결 등

[특징]

- 피지과다 분비
- 표피의 과각화 현상
- 죽은 각질세포 누적
- 여드름 균(propionibacterium acnes) 성장 및 염증동반

### (8) 과색소침착 피부(Hyperpigmentation skin)

[원인]

- 자외선, 호르몬의 불균형, 스트레스, 가족력 등

[특징]

- 자외선 노출 시 MSH(Melanocyte stimulating hormone)증가로 인해 쉽게 색소침착
- 임신시 황체호르몬 분비 증가로 인해 쉽게 색소침착
- 자극 받고 예민한 상태에서 자외선 노출 시 쉽게 색소침착
- 노화와 건성, 예민피부에서 쉽게 발생

[광 피부타입 분류]

| 피부타입 | 피부변화 | 신체특징 |
|---|---|---|
| 0 | 일광화상 항상 일어남, 태양 방어력 없음 | 백색증 |
| I | 쉽게 화상반응, 타지 않으며 극심하게 태양에 민감한 피부 | 붉은 머리, 주근깨<br>아이리쉬-스코틀랜드인 |
| II | 쉽게 화상반응, 매우 적게 타며 태양에 민감한 피부 | 흰 피부, 금발, 푸른 눈<br>백인 |
| III | 가끔 화상반응, 밝은 갈색으로 타며 태양에 민감한 피부 | 황인종 |
| IV | 극히 적게 화상반응, 갈색으로 타며 태양에 대한 민감성은 적은 피부 | 지중해안의 백인 |
| V | 거의 화상 없음, 잘 타는 피부<br>태양에 민감하지 않은 피부 | 중동인, 라틴인<br>약간의 흑인 |
| VI | 화장 없음, 깊은 색소침착과<br>태양에 민감하지 않은 피부 | 흑인 |

### (9) 모세혈관 확장피부(Couperose)

[원인]

- 잘못된 세안 습관, 딥 클린징의 오남용, 자극적인 외부요인, 과도한 알코올섭취, 가족력 등

[특징]

- 잘못된 딥 클린징 사용 및 피부 민감화와 자연노화로 인해 나타남
- 실핏줄이 주로 코, 뺨의 중간, 콧망울 주위에 나타남
- 실·내외의 온도 차에 의해 쉽게 얼굴 붉어질 수 있음

## 3) 피부분석 시 유의사항

- 클린징 후 피부분석을 실시
- 확대경을 이용할 경우 눈 보호를 위해 아이패드 적용 후 사용
- 피부 예민도를 분석할 경우 살짝 볼을 꼬집어보거나 스파튤라로 그어서 확인

· 우드램프를 사용할 경우 반드시 어두운 공간에서 사용하며 약 7~10cm 정도의 적정거리를 유지하여 화상에 주의하고, 아이패드 적용 후 측정. 측정결과를 차트에 작성 시에는 램프를 꺼놓고 작성하기

## 4) 피부분석 및 관리계획

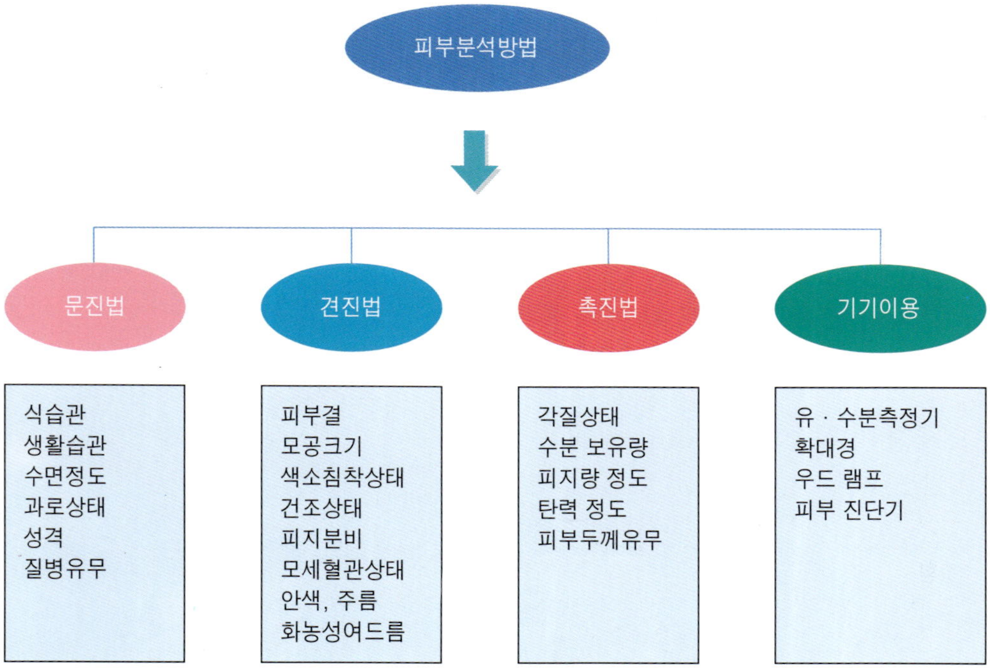

## ■ 피부분석 차트(Skin Analysis Chart)

| 성명 | | 성별 | 남 여 | 생년월일 | |
|---|---|---|---|---|---|

| 고객명 | | 주소 | | | |
|---|---|---|---|---|---|
| 전화번호 | | e-mail | | 직업 | |

| 병력 | □ 피부질환 □ 간질 □ 수술여부 □ 심장질환 □ 신장질환 □ 암 □ 기타 | | |
|---|---|---|---|
| 약물치료 | □ 간질치료제 □ 피임약 □ 혈압약 □ 당뇨약 □ 항암제 □ 호르몬제 □ 기타 | | |
| 비적용증 | □ 간질 □ 암 □ 혈전증 □ 피부질환 □ 금속이식 □ 고/저혈압<br>□ 임신 □ 심장박동기 □ 기타 | | |
| 알러지 | □ 유 □ 무 | | |
| 사전관리여부 | 날짜 | 관리형태 | 횟수 |

| 고객피부타입 | |
|---|---|
| 피부결 | □ 곱다 □ 보통 □ 거칠다 □ 복합성( ) |
| 피부보습 | □ 좋다 □ 적당 □ 나쁘다 □ 아주 나쁘다 |
| 피지량 | □ 과다 □ 적당 □ 부족 □ 복합성( ) |
| 모공크기 | □ 매우확장 □ 확장 □ 작다 □ 복합성( ) |
| 혈액순환 | □ 좋다 □ 보통 □ 나쁘다 |
| 색소침착 | □ 점/모반 □ 주근깨 □ 기미 □ 색소 결핍 |
| 피부탄력 | □ 좋다 □ 보통 □ 나쁘다 |
| 여드름 | □ 검은 여드름 □ 흰 여드름 □ 구진성 여드름 □ 기타( ) |
| 피부민감도 | □ 정상 □ 예민 □ 매우 예민 |
| 피부주름 | □ 잔주름 □ 나이 주름 □ 표정 주름 |
| UV 예민도 | □ I □ II □ III □ IV □ V □ VI |
| 피부타입 및<br>피부상태 | □ 정상 □ 건성 □ 지성 □ 복합성 지성 □ 복합성 건성<br>□ 노화 □ 예민성 □ 과색소침착 □ 문제성(여드름) □ 모세혈관 확장 |
| 식습관 | □ 좋음 □ 보통 □ 나쁨 □ 흡연( ) □ 음주( ) □ 카페인( ) □ 수분섭취량( ) |
| 고객의 현재 홈케어 방법 | |
| 년 월 일 서명 | |

## ■ 안면관리 계획차트(Facial Care Plan Chart)

피부 문제점 등을 아래 그림에 표시하세요.

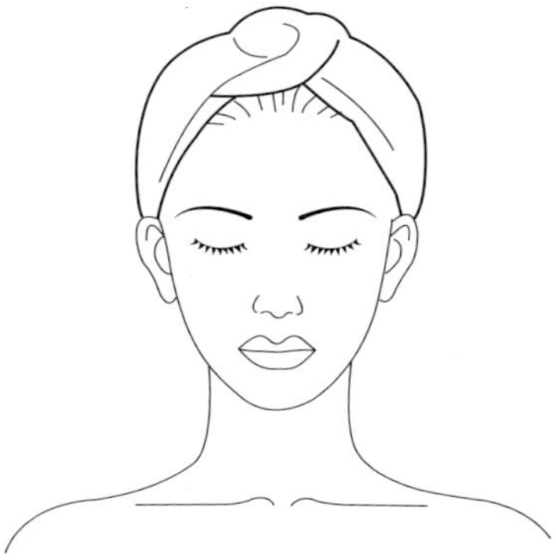

| 피부상태를 옆 그림에 항목별로 표시 | | | |
|---|---|---|---|
| 코메도 | ☆ | 각질비후 | # |
| 구진(뾰루지) | • | 색소침착 | □ |
| 농포 | ■ | 백반증 | × |
| 흉터 | ✦ | 섬유종(쥐젖) | / |
| 켈로이드 | ◆ | 사마귀 | 0 |
| 비립종 | ┼ | 모세혈관 확장 | , |
| 한관종 | * | 기타 | |

※ 표기된 기호는 예시임

| 관리목적 및 기대효과 : | |
|---|---|
| 클린징 | □ 오일 □ 크림 □ 밀크/로션 □ 젤 □ 기타( ) |
| 딥 클린징 | □ 고마쥐(Gommage) □ 효소(Enzymel) □ 스크럽(Scrub)<br>□ 아하(AHA) □ 베포라이져(Vaporizer) □ 브러싱(Brushing)<br>□ 디스인크러스테이션(Disincrustation) □ 기타( ) |
| 훼이셜 기기 | □ 이온토포레시스 □ 진공흡입 □ 고주파기 □ 기타( ) |
| 매뉴얼 테크닉에 사용될 제품 | □ 마사지오일 □ 크림 □ 젤 □ 에센셜오일 □ 앰플 □ 기타( ) |
| 매뉴얼 테크닉 | □ 일반(Swedish) □ 한국형피부관리(경락) □ 림프를이용한피부관리 □ 기타( ) |
| 트리트먼트제 | 제품명 : |
| 마스크/팩 | 제품명 : |
| 제품성분 | 클린징 :<br>딥클린징 :<br>매뉴얼테크닉 :<br>트리트먼트제 :<br>마스크/팩 : |
| 고객관리에 관한 견해 | |
| 홈케어 조언 및 기타 견해 | |
| | 년 월 일 서명 |

## ■ 바디분석챠트(Body Analysis Chart)

| 고객이름 | | 생년월일 | 성별 남 여 |
|---|---|---|---|
| 주 소 | | 연락번호 | |
| 병 력 | □ 간질 □ 암 □ 수술여부 □ 심장질환 □ 신장질환 □ 골절<br>□ 기타 ( ) | | |
| 약물치료 | □ 간질치료제 □ 피임약 □ 혈압약 □ 당뇨약 □ 항암제 □ 호르몬제 ( )<br>□ 기타 ( ) | | |
| 비적용증 | □ 간질 □ 암 □ 혈전증 □ 정맥류 □ 금속이식 □ 고/저혈압 □ 임신<br>□ 심박동기 □ 기타 ( ) | | |
| 알레르기 | | | |
| 사전관리여부 | 날짜 관리형태 횟수 | | |
| 키(cm) | 몸무게(kg) 허리둘레치수(cm/인치) | | |
| 체형분류 | □ 비만형 □ 운동형 □ 허약형 | | |
| 식습관 | □ 좋음 □ 보통 □ 나쁨 | | |
| 운동여부 | □ 안함 □ 거의 안함 □ 가끔씩 함 □ 규칙적으로 함 | | |
| 운동형태 | | | |
| 근육톤 | □ 탄력 있음 □ 보통 □ 탄력 없음 □ 긴장되어 있음 | | |
| 전신상태 | □ 지방/ 부분비만 □ 셀룰라이트 □ 튼살 □ 울혈/멍<br>□ 여드름 □ 사마귀/점 □ 기타 ( ) | | |
| 관리목적 | | | |
| 실시할 마사지 형태 | | | |
| 홈케어 조언 및<br>기타 견해(comment) | | | |
| **년 월 일 서명** | | | |

바디질환 / 문제점 / 치수 등을 아래 그림에 표시하시오.

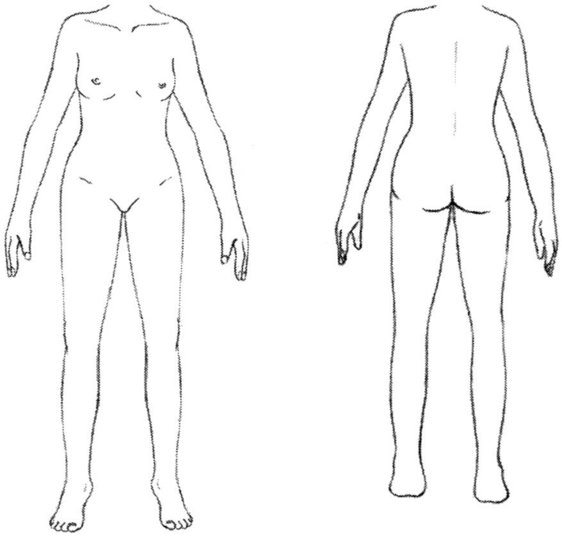

| | |
|---|---|
| 기대효과 | |
| 클린징 | □ 오일 □ 크림 □ 밀크/로션 □ 젤 □ 기타(　　　　) |
| 딥클린징 | □ 고마쥐(Gommage) □ 효소필(Enzyme peel) □ 크림필(Cream peel)<br>□ 기타(　　　　) □ 스티머(Steamer) □ 브러싱(Brushing)<br>□ 디스인크러스테이션 (Disincrustation) |
| 전신기기 | □ 파라딕(Faradic) □ 진공흡입(Suction) □ 교차전류(Interferential)<br>□ 기타(　　　　) |
| 마사지 | □ 오일 □ 크림 □ 젤 □ 앰플 □ 기타(　　　　) |
| 마사지형태 | □ 일반(Swedish) □ 한국형피부관리 (경락) □ 아로마<br>□ 림프배액(림프드레니쥐) □ 기타(　　　　) |
| 마스크/팩 | 제품명: |
| 고객의 관리에 관한 견해(comment) | |
| 홈케어 조언 및 기타 견해 | |

## ■ 고객관리 기록카드

| 회차/<br>날짜 | 클린징 | 딥클린징 | 앰 플 | 매뉴얼<br>테크닉<br>(마사지) | 1차/ 2차 팩 | 기기 사용 및<br>특수 관리 | 홈케어<br>조언 |
|---|---|---|---|---|---|---|---|
| | | | | | | | |
| | | | | | | | |
| | | | | | | | |
| | | | | | | | |
| | | | | | | | |
| | | | | | | | |
| | | | | | | | |
| | | | | | | | |
| | | | | | | | |
| | | | | | | | |
| | | | | | | | |
| | | | | | | | |
| | | | | | | | |
| | | | | | | | |
| | | | | | | | |
| | | | | | | | |
| | | | | | | | |
| | | | | | | | |
| | | | | | | | |

# 3. 눈썹정리(Eye brow arrangement)

## 1) 목적 및 효과

- 얼굴의 표정 및 인상을 변화시킴
- 얼굴형태에 맞는 눈썹을 표현함으로 전체적인 균형을 맞춤으로써 미적 감각 부여

## 2) 눈썹 모양에 따른 특징

| 눈썹모양 | 특 징 |
|---|---|
| 표준형 | 기본적인 눈썹모양, 누구에게나 무난히 잘 어울림 |
| 각진형 | 지적인 느낌, 단정하고 세련됨, 둥근 얼굴이나 짧은 얼굴형에 어울림 |
| 아치형 | 매혹적, 우아하고 여성적인 느낌, 넓은 이마 얼굴형에 어울림 |
| 상승형(화살형) | 동적이며 야성적인 느낌, 둥근 얼굴이나 개성 없는 얼굴에 적합 |
| 수평형(직선형) | 젊고 활동적인 느낌, 긴 얼굴이나 폭이 좁은 얼굴에 잘 어울림 |
| 처진형 | 귀여운 느낌, 때로는 슬픈 느낌 |

## 3) 눈썹정리 시 유의사항

- 눈썹의 길이는 눈의 길이 보다 짧게 하지 않음
- 눈썹의 머리와 꼬리는 일직선상에 놓이게 함
- 좌·우 눈썹이 대칭이 되도록 함
- 피부를 팽창시킨 후 털이 난 방향으로 신속히 뽑기
- 눈썹을 뽑은 뒤 항 소염, 진정 성분이 함유된 젤 또는 화장수로 피부진정 시키기
- 눈썹가위나 족집게 등의 모든 도구들을 소독 후 사용하기

## 4) 기법

[재료]

- 소독용 알코올, 눈썹 브러시, 눈썹 집게, 눈썹가위, 화장솜

[눈썹형태 잡기]

(1) 눈썹머리 : 눈썹 머리와 콧망울이 일직선상의 위치에 앞머리를 정함
(2) 눈썹꼬리 : 콧망울과 눈 끝을 지나는 45° 각도 지점으로 정함
(3) 눈썹산 : 동공외측을 직선으로 올렸을 때 가장 높은 부분. 눈썹전체의 2/3 지점

[눈썹정리 하기]

(1) 눈썹 브러시로 눈썹 난 방향으로 빗어준 뒤 소독된 눈썹가위로 정리
(2) 소독용 화장 솜으로 잘려진 눈썹을 정리
(3) 검지(2지)와 중지(3지)로 제거하고자 하는 피부부위를 팽팽하게 잡아 누른 뒤 소독된 족집게를 이용하여 털이 난 방향으로 신속히 뽑기
(4) 소염이나 진정화장수가 도포된 솜으로 눈썹부위를 가볍게 닦아냄

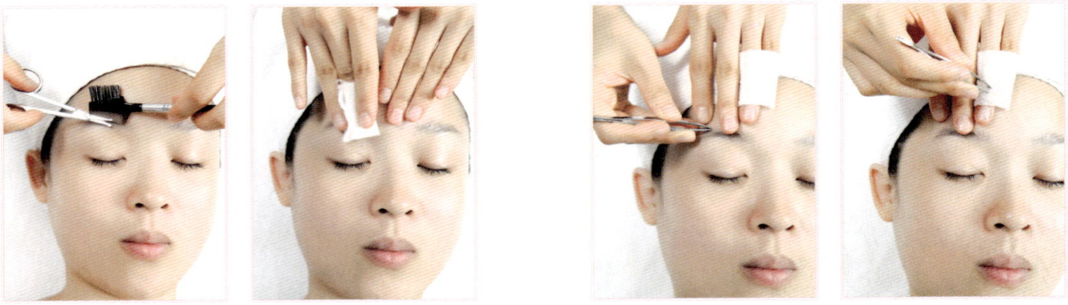

· 눈썹정리시 소지(새끼손가락)에 젖은 화장솜을 얇게 감아 알콜을 뿌린 후 족집게로 뽑은 털을 화장솜에 올려놓기

# 4. 딥 클린징(Deep cleansing)

## 1) 목적 및 효과

- 불필요한 각질 제거를 통해 맑고 깨끗한 피부로 유지
- 피부 깊숙한 곳의 노폐물을 제거하여 불순물의 제거 용이
- 각질을 연화하여 유효성분의 침투가 용이하게 함
- 피부생리기능 활성화로 피부 신진대사 촉진

## 2) 종류와 특징

### (1) 물리적 딥 클린징

| 종 류 | 특징 및 방법 |
|---|---|
| 스크럽(Scrub) | 살구씨, 아몬드, 폴리에틸렌 등의 물에 잘 녹는 과립형태<br>제품 도포 후 물 묻혀 근육 결 따라 러빙 하듯 죽은 각질을 정리<br>예민한 볼 부위는 생략하고, T존 위주로 많이 사용 |
| 고마쥐(Gommage) | 동.식물성 단백질 분해효소 함유로 고마쥐는'문지르다'는 의미<br>도포 후 덜 건조된 상태에서 피부결 따라 문지르듯 각질을 정리<br>(Tip 함유된 성분의 작용에 따라 화학적 기능을 하기도 함) |

### (2) 화학적 딥 클린징

| 종 류 | 특징 및 방법 |
|---|---|
| 효소(Enzyme) | 단백질 분해효소(트립신, 판크레아틴 등)와 파파인 효소 함유<br>효소의 촉진작용을 위해 온도(35~45°C), 습도(70%) 유지<br>각질 분해력 우수하며 자극 없이 노폐물과 각질을 정리<br>가장 보편적으로 많이 사용, 크림타입과 파우더 타입 형태로 구분<br>스트머 함께 사용하면 효과적, 시간(5~10분 : 피부상태에 따라 조절) |
| 아하(AHA) :<br>Alpha-Hydroxcy Acid | 과일, 사탕수수, 우유 등에서 추출한 천연 과일산 함유<br>분자구조가 가장 적은 글리콜릭산을 많이 사용<br>각질제거, 세포재생 및 피부보습효과 뛰어남<br>저 농도(10% 이하)로 사용, 예민부위는 사용하지 않음 |
| 크림 필링<br>(Cream peeling) | 단백질 분해효소 성분이 크림 형태로 만들어진 상태 |

### (3) 피부미용 기기를 이용한 딥 클린징

| 종 류 | 특징 및 방법 |
|---|---|
| 진공 흡입기<br>(Vacuum suction) | 모공 깊이 있는 피지 및 노폐물을 유리관(ventouse)으로 제거<br>면포 추출 시는 유분기 있는 크림이나 오일을 도포하면 안됨<br>지성, 여드름 피부에 효과적 |
| 디스인크러스테이션<br>(Disincrustaion) | 갈바닉(Galvanic)전류를 이용한 방법<br>알칼리성 물질이 침투하여 피지와 노폐물을 유화<br>지성, 여드름 피부에 효과적 |
| 브러시<br>(Brushing machine<br>/ Frimatol) | 클린징 제품 도포하고 브러시를 기기에 연결하여 회전시킴<br>피지와 각질을 제거<br>혈행 촉진 되어 신진대사 촉진<br>피부타입에 따라 브러시의 회전속도를 달리함<br>(정상 : 300~400rpm/min, 건성이나 예민: 200~250 rpm/min<br>지성 : 400~450rpm/min) *rpm : 1분 동안의 브러시 회전 속도<br>브러시는 피부와 90° 직각으로 사용하고 눌리지 않게 사용 |

## 3) 유의사항

- 1주에 1회 정도 사용하나 피부상태에 따라 차별(예민피부는 삼가)
- 눈가와 입 주위는 딥 클린징을 피함
- 물리적 딥 클린징은 예민, 염증성 여드름, 모세혈관 확장 피부에는 적용하면 안됨
- 스크럽 사용시 예민한 볼 부위는 사용을 생략해야 함
- 고마쥐 사용시 터번 등으로 귀를 가려주어 귀에 내용물이 들어가지 않도록 주의
- 아하(AHA)는 10% 이하의 저농도 사용이 권장되고 사용시간을 엄숙히 지켜야 함
- 아하(AHA) 사용시 나타나는 반응(예 : 따끔거림, 냄새 등)을 미리 알려줘야 함
- 효소 사용시 아이패드 적용 후 스티머는 수증기가 나오는 상태에서 적용함
- 딥 클린징 사용시 건조해지기 쉬운 눈과 입술부위에 전용크림을 바른 뒤 아이패드 사용하고 딥 클린징 제품을 적용

## 4) 방법

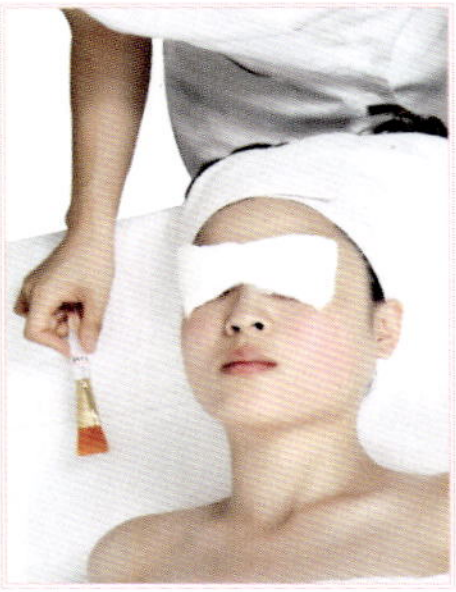

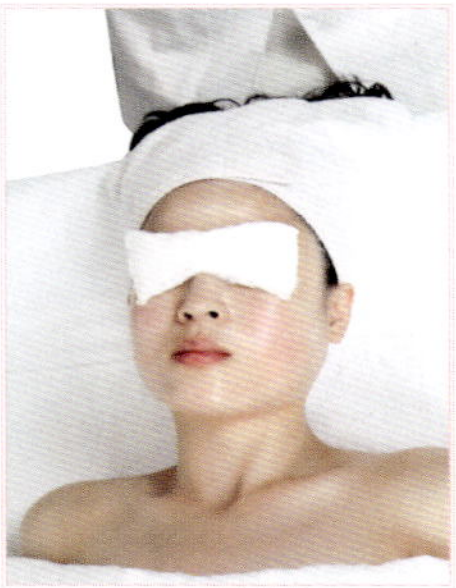

※ 딥 클린징 제품은 얼굴 부위에만 적용하기

## 5. 매뉴얼 테크닉(Manual technique)

### 1) 목적 및 효과

· 혈액순환 및 림프순환촉진
· 피부 감각 수용기를 자극해 정신적 긴장 완화와 심리적인 안정 및 근육이완효과
· 신진대사 촉진으로 노폐물 배출 및 영양공급 원활
· 부교감 신경 자극, 스트레스 감소로 인한 면역기능 향상
· 엔도르핀 분비 증가로 행복감 고취
· 스트레스 감소로 면역기능 개선
· 결합조직에 긴장도를 강화시켜 피부 탄력성 증대

### 2) 기본요소 및 기본기법

[기본요소]

[기본기법]

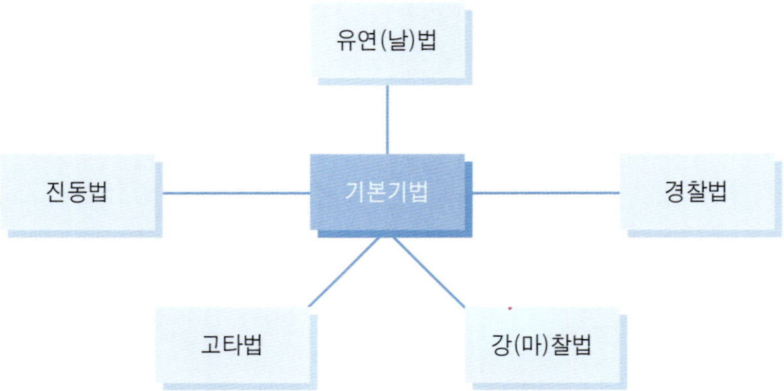

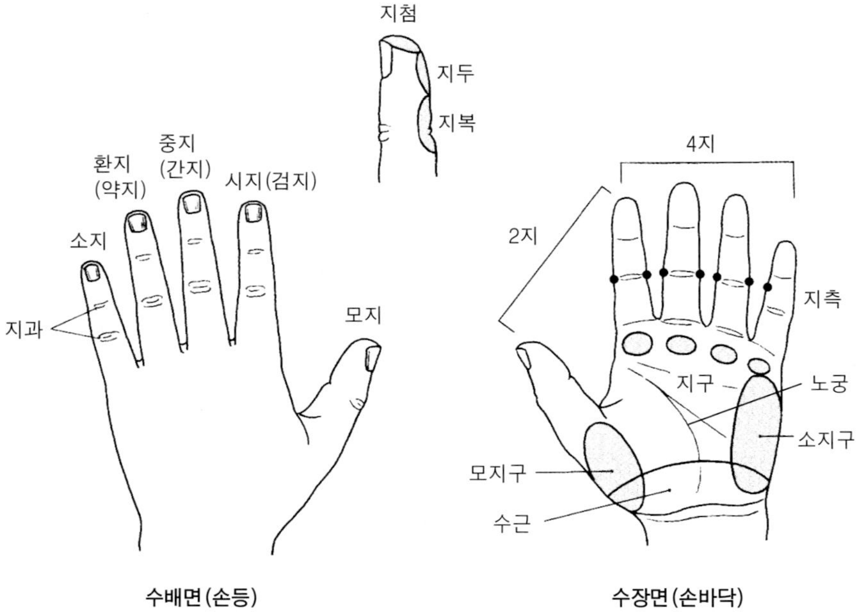


**그림 1-1. 손의 각 부위별 명칭**

※ 노궁부위는 주먹을 살짝 쥐었을 때 중지 끝이 닿는 부위

### (1) 무찰법(경찰법, 쓰다듬기, effleurage)

- 마사지 처음과 마무리에 사용, 손바닥으로 피부표면을 쓰다듬는 동작
- 적용부위 : 얼굴 및 전신에 넓게 적용
- 효과 : 혈액·림프순환촉진, 진정, 긴장완화, 심리적 안정효과
- 종류 : 표면 경찰법(superficial stroking), 심부 경찰법(deep stroking)

### (2) 유연법(집어주기, 유날법 : petrissage / kneading)

- 가장 강한 동작, 손가락 전체로 피부를 집어 반죽하거나 주무르는 동작
- 적용부위 : 얼굴 및 전신에 적용(특히 전신에 많이 적용)
- 효과 : 혈관과 림프순환촉진, 근육경련완화, 노폐물 배출, 근육강화, 근육탄력
- 분류 : 집어주기(petrissage), 반죽하기(kneading), 당기면서 주무르기(pulling)

### (3) 강찰법(마찰법, 문지르기, friction)

- 손가락의 끝부분을 피부에 대고 원을 그리면서 이동하는 동작
- 적용부위 : 얼굴 주름이 생기기 쉬운 부위(이마, 입가, 눈가), 전신부위
- 효과 : 혈액순환 촉진, 탄력성 증진, 결체조직 강화
- 분류 : 짜듯이 비틀기(wring), 굴리기(rolling), 가볍게 치듯이 문지르기(chucking), 지그재그(zigzag)

### (4) 고타법(경타법, tapotement)

- 손가락 끝, 손의 측면, 손바닥, 주먹, 손 전체를 사용하여 두들기는 동작
- 적용부위 : 어깨주위의 근육과 등, 대퇴부위 및 크고 넓은 근육 부위
- 효과 : 경직된 근육이완, 근육피로 해소, 신경과 근육에 자극주어 기능 항진
- 분류 : 손 측면으로 두드리기(hacking), 손을 컵 모양으로 하여 두드리기(cupping), 손바닥으로 쳐주기(slapping), 손가락으로 피아노 치듯 살살 두드리기(tapping), 가볍게 주먹 쥐고 두드리기(beating)

### (5) 진동법(떨어주기, 흔들기 : vibration / shaking)

- 손 전체 또는 손가락으로 해당부위 밀착해 빠르고 고르게 떨어주는 동작
- 적용부위 : 얼굴, 팔, 다리, 복부 등
- 효과 : 근육 진정 및 이완효과, 자율신경자극 주어 감각기능향상
- 종류 : 떨어주기(vibration), 견인 진동법(pulling shaking), 압박 진동법(pressure shaking)

## 3) 부적용증

- 민감성 피부
- 혈관이 과도하게 확장된 경우
- 급성 염증이나 상처난 피부
- 감염이나 피부질환이 있는 경우
- 기관지나 정맥동의 이상이 있는 경우
- 암 환자, 악성종양, 화농성 여드름, 전염성 질환, 심한 민감성 피부

## 4) 근육

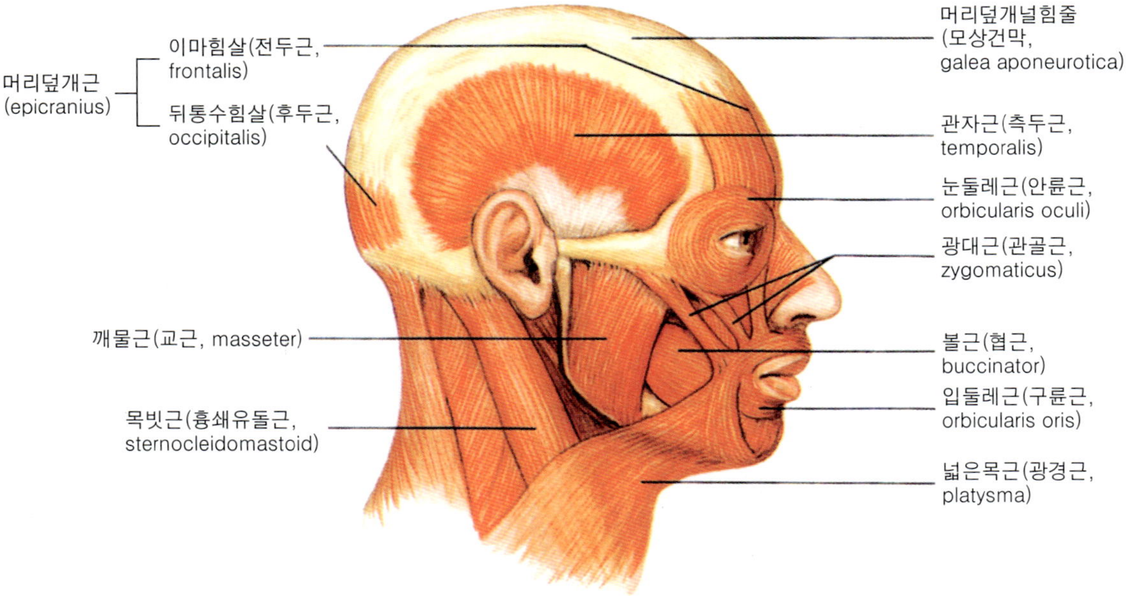


그림 1-2. 얼굴에 있는 큰 근육들

## 5) 에너지 포인트

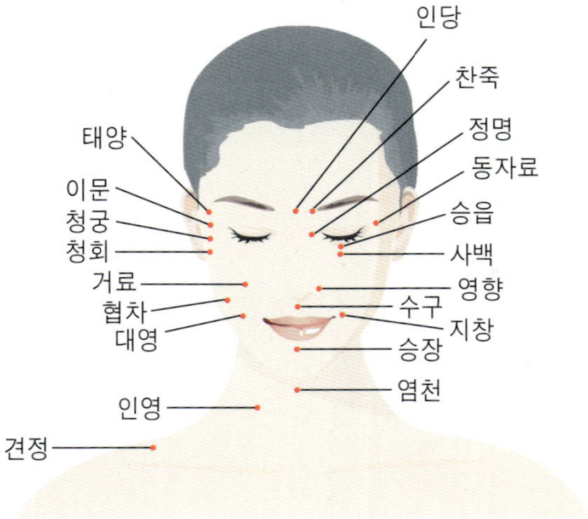

[에너지 포인트]

| 부위 | 이름 | 위치 | 특징 |
|---|---|---|---|
| 머리 | 백회 | 머리정중선과 귀를 연결한 교차점 | 모발윤택, 탈모방지 |
| 눈 | 찬죽 | 눈썹머리 시작점 | 눈가 주름완화 |
| | 사죽공 | 눈썹 바깥끝의 함요부 | 안면근육의 경직 완화, 주름예방 |
| | 정명 | 내안각(눈머리) 상방 0.1촌 | 눈가 주름완화, 눈을 맑게 함 |
| | 동자료 | 눈꼬리 양방 0.5촌 | 눈꼬리 주름 예방 |
| | 태양 | 관자놀이 | 편두통, 어지럼증, 피로회복 |
| 귀 | 이문 | 이주부위 위 함요처 | 안면근육 경직 이완 |
| | 청궁 | 이주부위 바로 앞 함요처 | 얼굴측면 여드름, 광대뼈 돌출방지 |
| | 청회 | 이주부위 아래 함요처. 귀밑 끝점 | 안면근육 경직 이완 |
| 코 볼 턱 | 영향 | 코 양 옆 0.5촌 | 코 막힘, 코 주변 여드름 |
| | 수구 | 윗입술과 코가 연결된 오목한 곳에서 위로 1/3지점 | 안면근육 경직 이완 |
| | 승읍 | 동공 바로 아래 0.7촌 | 눈가주름완화, 눈가 늘어짐 방지 |
| | 사백 | 동공아래 1촌 | 눈가주름완화, 안면근육 경직 이완 |
| | 거료 | 관골 밑 함요부 | 볼 처짐 방지 |
| | 지창 | 구각 외측 0.4촌 | 입꼬리 처짐 방지 |
| | 협차 | 귀 끝과 하악각 1/2에서 약 1.5촌 위 | 볼 늘어짐 방지 |
| | 승장 | 턱 중앙. 아랫입술 바로 아래 위치 | 안면근육 경직 이완 |
| | 염천 | 아래턱과 후두융기의 중간지점 | 턱선의 늘어짐 예방 |
| 후 두 부 | 아문 | 후발제 함요처 | 발음을 순조롭게 함 |
| | 천주 | 아문 양방 1.3촌 | 어깨 근육 경직이완 |
| | 풍지 | 승모근과 흉쇄유돌근 상단 함요처 | 어깨 근육, 경항 부위 경직이완 |
| | 완골 | 유양돌기 후면 함요처 | 어깨 근육 경직이완, 턱선 늘어짐 방지 |
| | 예풍 | 유양돌기와 하악골 사이 함요처 | 얼굴근육의 경직이완 |

## 6) 유의사항

- 조용하고 쾌적한 환경, 최적의 휴식공간 제공
- 시술자의 용모단정, 손톱은 항상 짧고 깨끗하게 관리
- 관리전 시술자의 따뜻한 손 상태를 유지
- 시술자 및 고객의 귀금속 제거
- 피부분석을 마친 후 피부상태에 적합한 제품으로 사용
- 눈, 코, 입에 제품이 들어가지 않도록 주의
- 적절한 리듬감, 밀착감, 연결성, 속도감, 적절한 압 조절하여 관리
- 지나친 압력은 피부의 긴장도와 탄력을 저하시킬 수 있으므로 주의
- 임신 중이거나 생리 중일 경우 주의, 특히 기기사용은 마사지 금지
- 머리카락이 빠지지 않도록 헤어 밴드(터번)로 잘 감싸주고, 머리카락 정돈 후에는 반드시 손 소독하기

## 7) 기법

### 매뉴얼 테크닉 I

① 전체 쓰다듬기($f_1$~$f_5$)

② 목 쓸어 회전하기($f_2$~$f_5$)

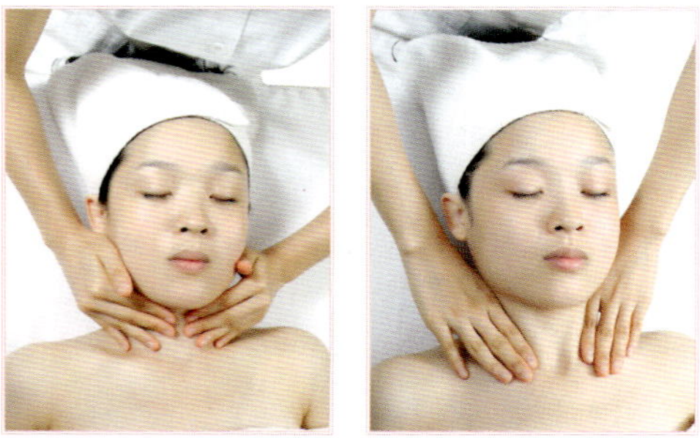

③ 목 옆으로 쓸어주기($f_1$~$f_5$)

④ 흉쇄유돌근 풀어주기($f_2$~$f_5$)

⑤ 목 쓸어 터미누스로 내리기($f_2$~$f_5$)

⑥ 턱2, 3지로 V자쓸어주기($f_1$~$f_5$)

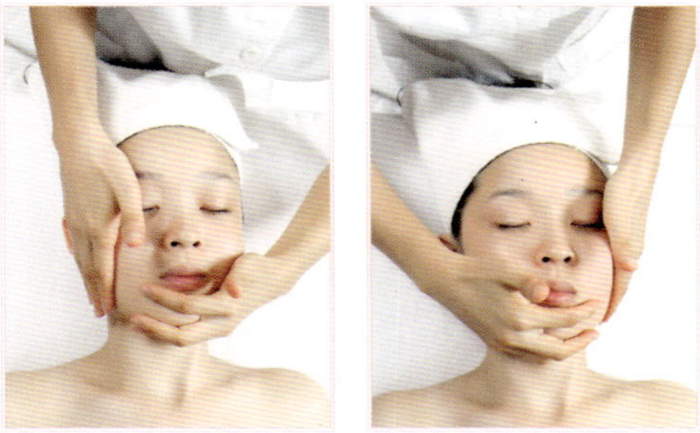

⑦ 승장, 수구부위 2, 3지로 V자쓸어주기($f_1$~$f_5$)

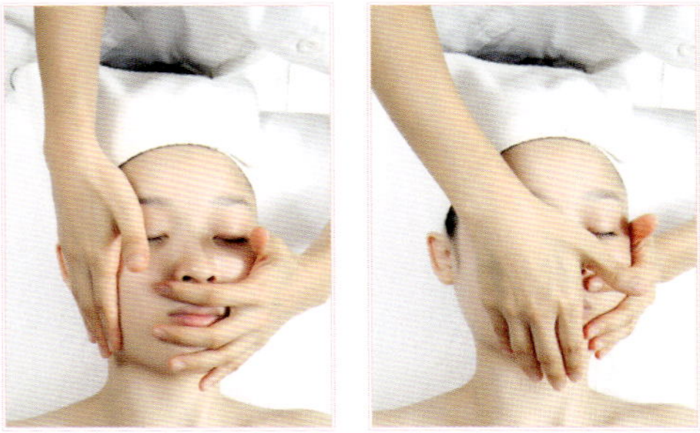

⑧ 구륜근 원으로 굴려주기($f_3$~$f_4$)

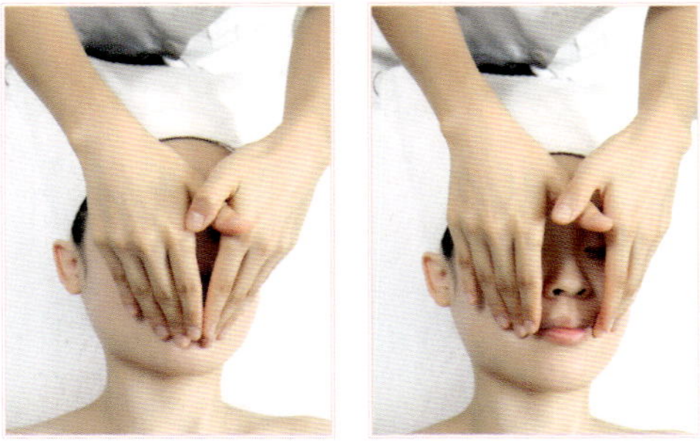

⑨ 입술꼬리(지창)부위 8자로 굴려주기($f_3$)

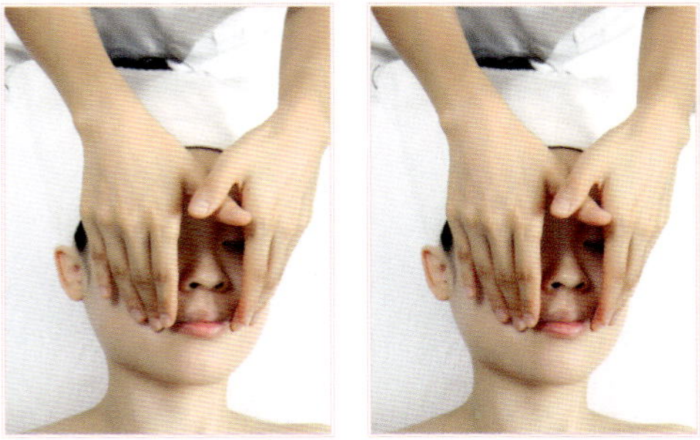

⑩ 교근 부위 8자로 굴려주기($f_2 \sim f_5$)

⑪ 볼부위 역삼각형 쓸어주기($f_2 \sim f_5$)

⑫ 볼부위 3등분 나선형으로 굴려주기($f_2 \sim f_5$)
승장 - 귀밑, 지창 - 청궁, 영향 - 태양

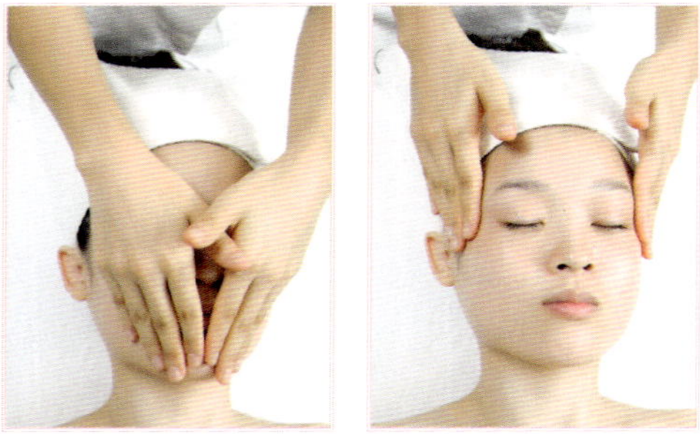

⑬ 콧망울(영향)부위 8자로 굴려주기($f_3$)

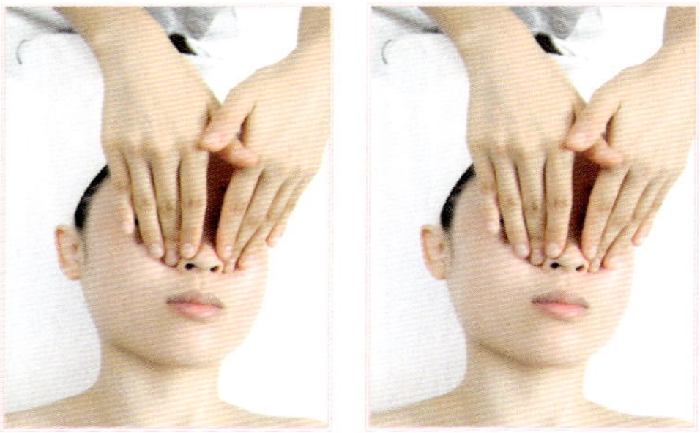

⑭ 콧망울(영향), 콧등 나선형으로 굴려주기($f_3 \sim f_4$)

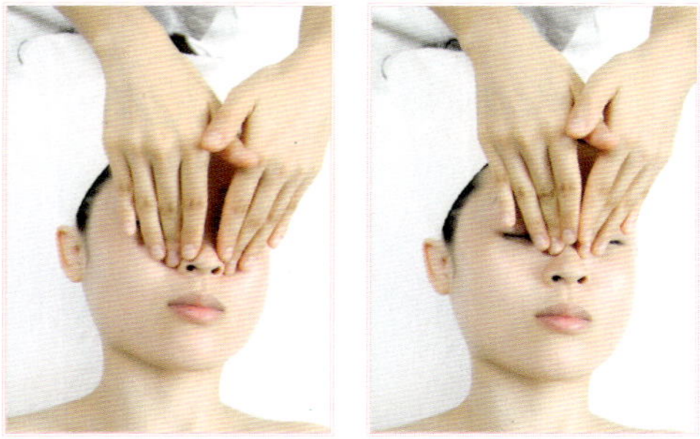

⑮ 코벽, 콧등 X자로 쓸어올리기($f_2$, $f_3$)

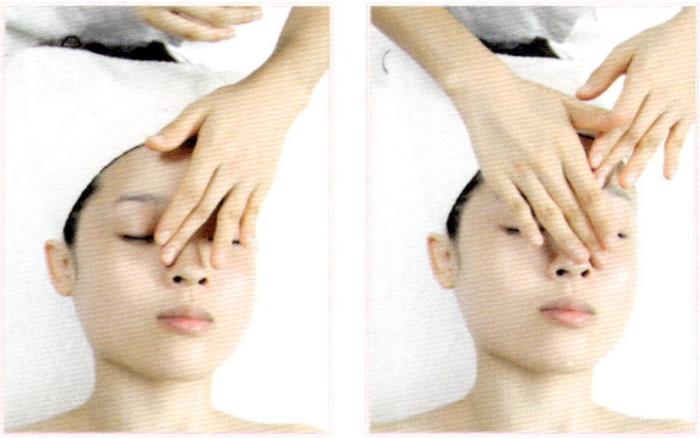

⑯ 미간,이마 X자로 쓸어올리기($f_1 \sim f_5$)

⑰ 이마 가로, 세로로 쓸어주기($f_1 \sim f_5$)

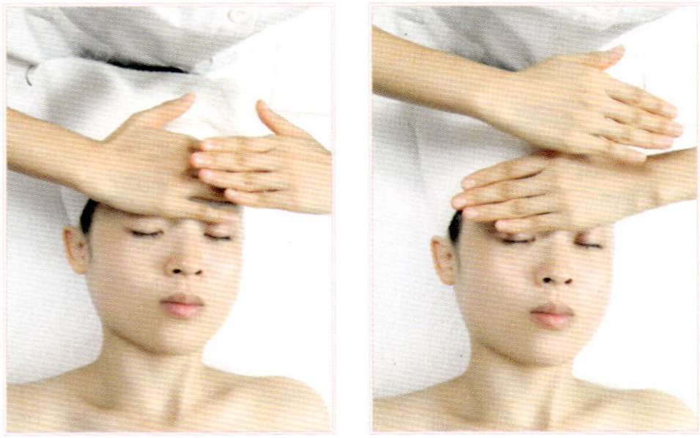

⑱ 이마 세로 3등분하여 나선형 굴려주기 ($f_2 \sim f_5$)

⑲ 관자놀이 8자로 굴려주기($f_3$, $f_4$)

⑳ 안륜근 회전하기(눈밑 $f_3$, 눈두덩 $f_2 \sim f_5$)

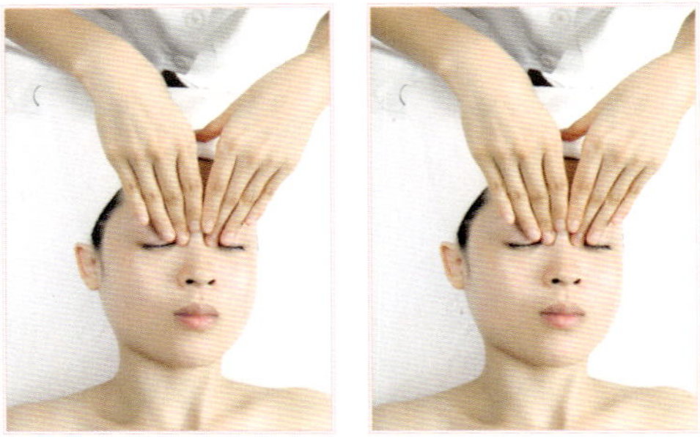

㉑ 양쪽 눈주변 8자로 굴려주기($f_2 \sim f_5$)

㉒ 눈아래 나선형으로 가볍게 굴려주기($f_3 \sim f_4$)

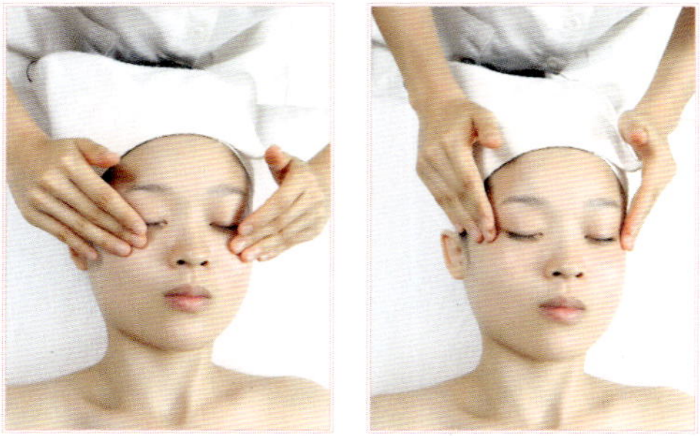

㉓ 추미근 지그재그하듯 집어주기($f_1$, $f_2$)

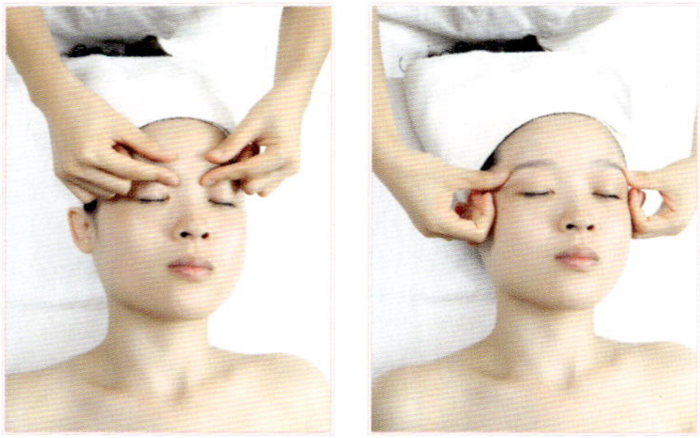

㉔ 얼굴 전체 쓰다듬기($f_2 \sim f_5$)
(눈전체, 콧망울부위, 입술꼬리부위)

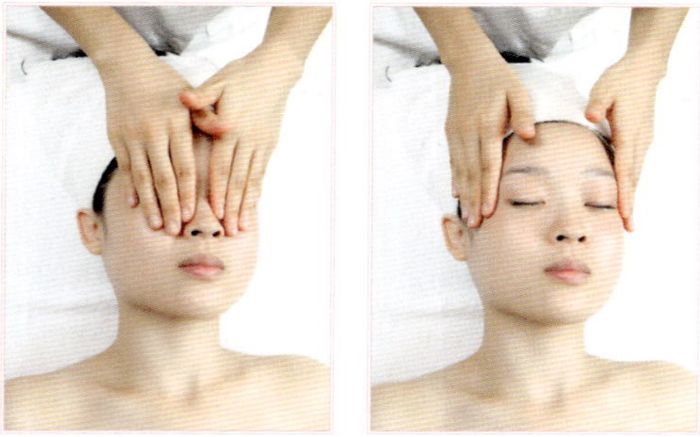

㉕ 목, 턱, 볼선 진동하며 끌어올리기($f_2 \sim f_5$)

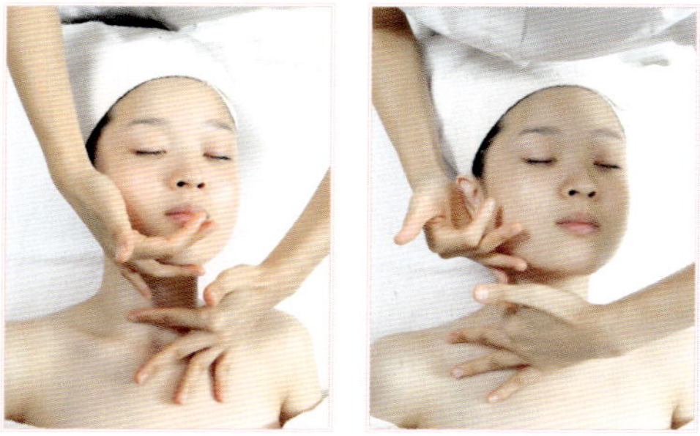

㉖ 얼굴전체 지그재그 문지르기($f_3$, $f_4$)

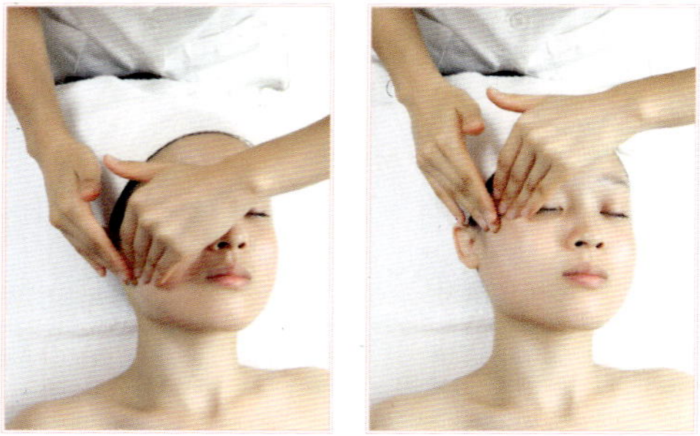

㉗ 얼굴전체 집어주기($f_3$, $f_4$)

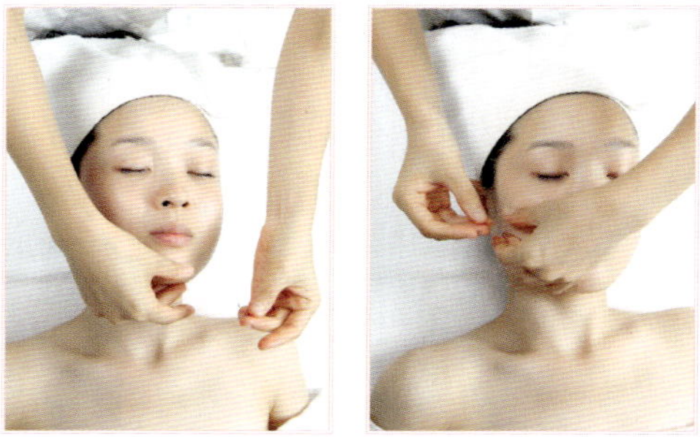

㉘ 얼굴전체 쓸어 올려주기($f_1$~$f_5$)

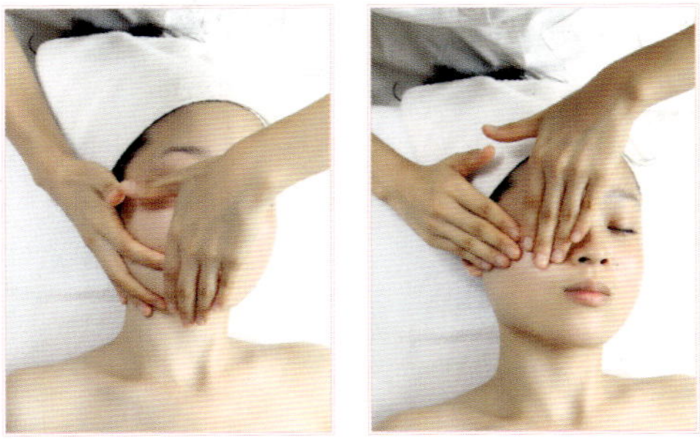

㉙ 얼굴 3등분 진동하기($f_2$~$f_5$)

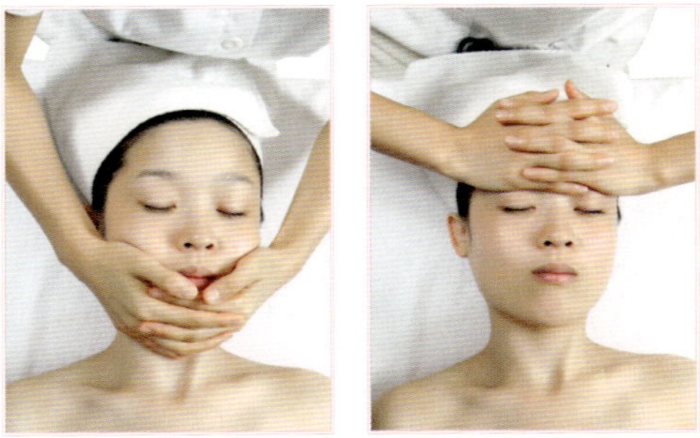

㉚ 얼굴전체 두드려주기($f_2$~$f_5$)

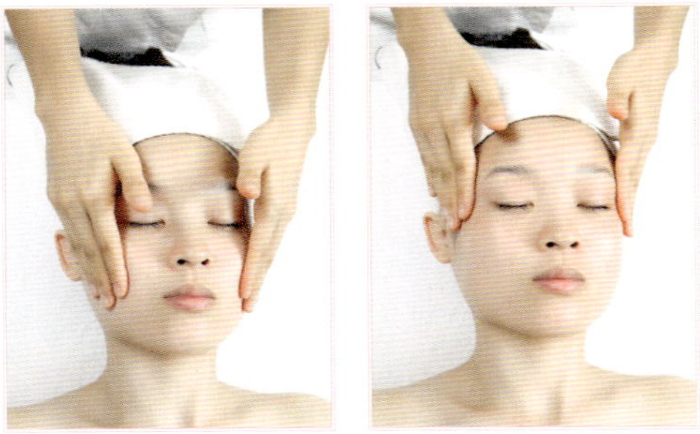

㉛ 얼굴 3등분 나누어 쓰다듬기($f_1$~$f_5$)

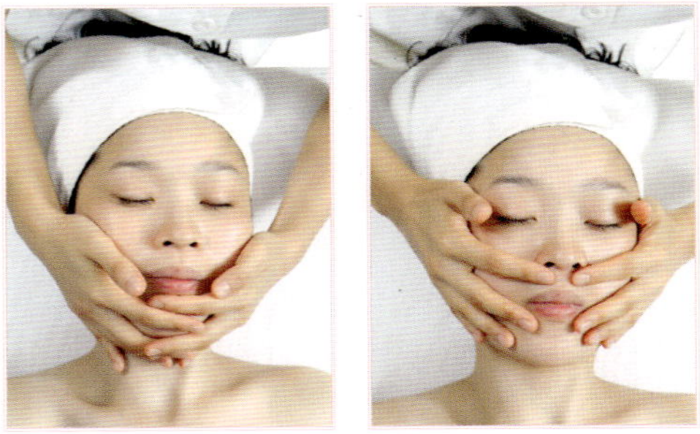

㉜ 목과 가슴부위 쓰다듬기($f_1$~$f_5$)

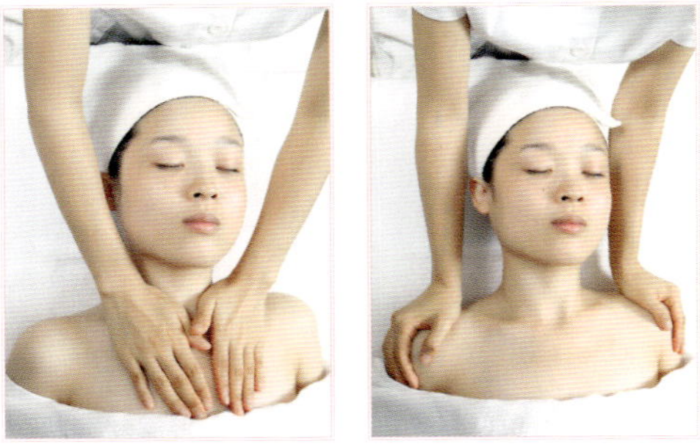

㉝ 반대방향 목으로 내려가 한쪽씩 가슴부위 쓰다듬기($f_1$~$f_5$)

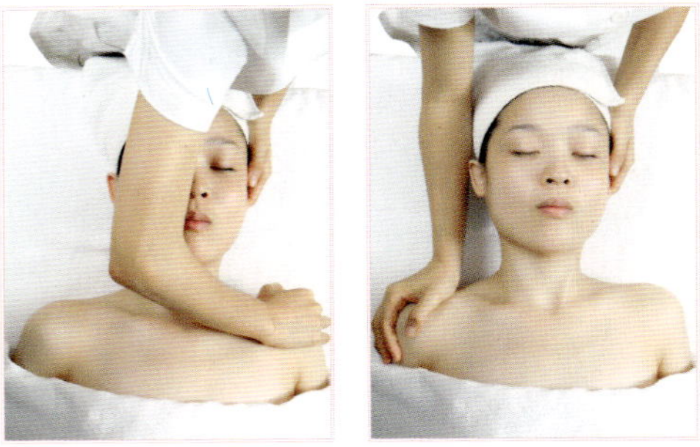

㉞ 가슴부위 물결동작하기($f_1$~$f_5$)

㉟ 승모근부위 마찰하기($f_1$)

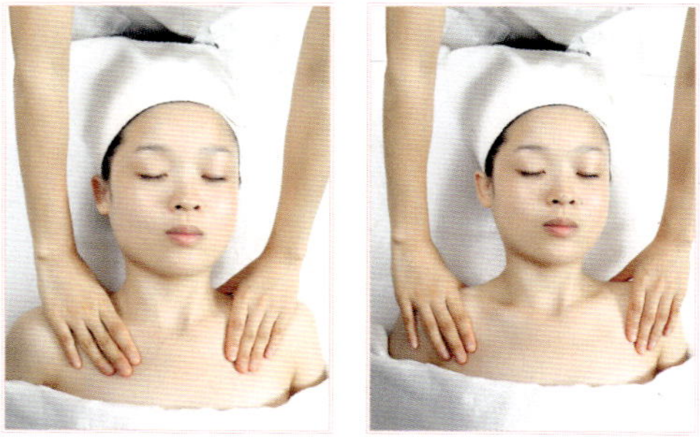

㊱ 가슴 횡으로 굴려주기(지과면)

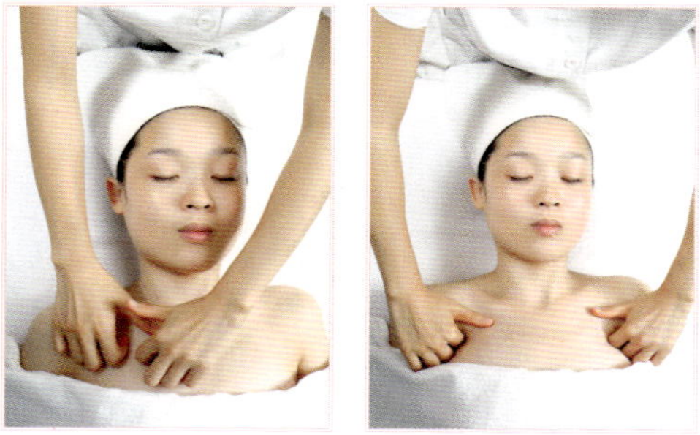

㊲ 가슴, 어깨, 승모근부위 굴려주기(지과면)

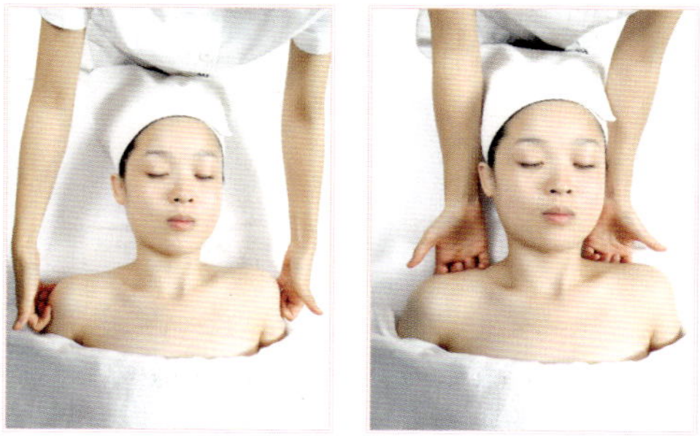

㊳ 목과 가슴부위 쓰다듬기($f_1$~$f_5$)

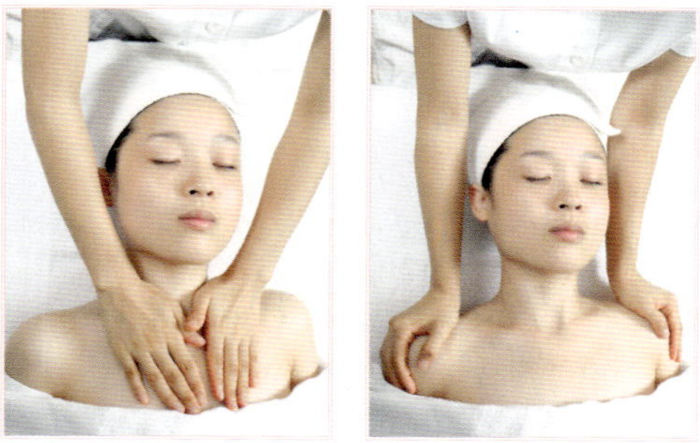

㊴ 한 손은 머리 받치고, 다른 손은 경추 부위 풀어주기($f_1$~$f_5$)

㊵ 흉쇄유돌근 부위를 엄지로 굴려주고($f_1$)
흉쇄유돌근과 승모근 부위를 손바닥으로 쓸어 내리기($f_1 \sim f_5$)

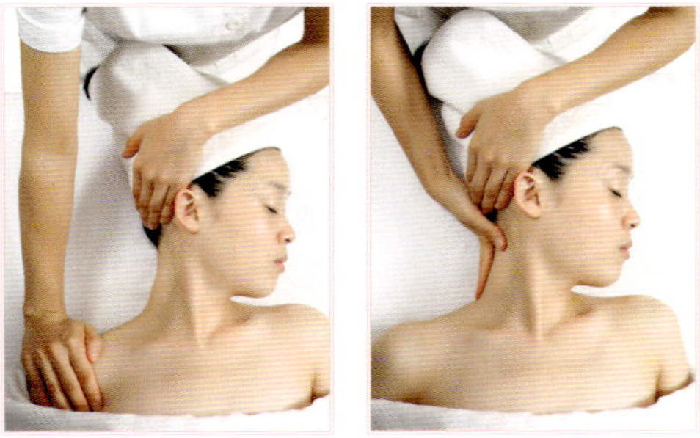

㊶ 목과 가슴부위 쓰다듬기($f_1 \sim f_5$)

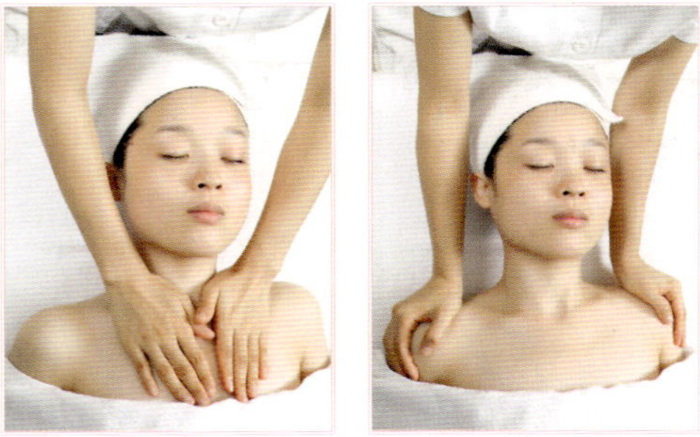

(손가락 부위 표기)

$f_1$ : 엄지
$f_2$ : 검지
$f_3$ : 중지
$f_4$ : 약지
$f_5$ : 소지

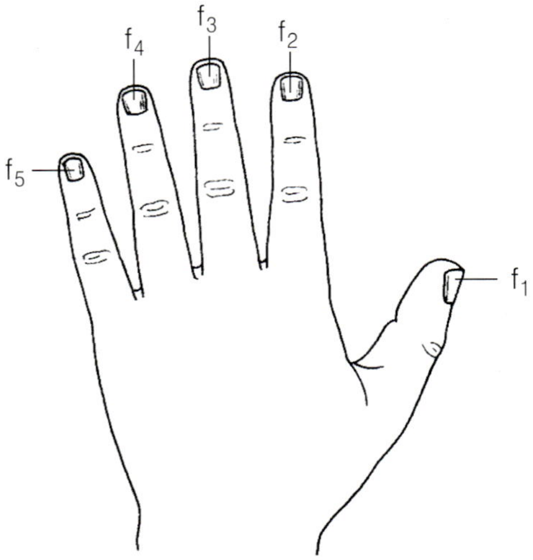


손

ex) ($f_1 \sim f_5$) : 엄지부터 소지까지 손가락 전체 이용(손바닥 밀착)

## 매뉴얼 테크닉 Ⅱ

1

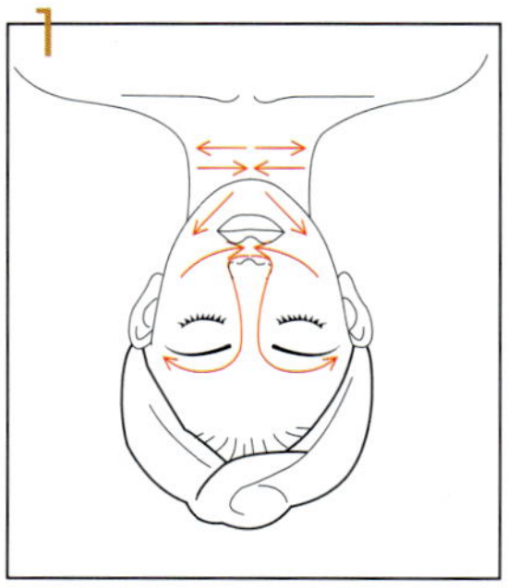

① 마사지를 하기 위해 손바닥에 마사지 제품을 스파튤라(spatula)를 이용해 덜어서 잘 비벼서 따뜻하게 녹인후 그림 1과 같이 도포 한다(약 1분 소요).

2

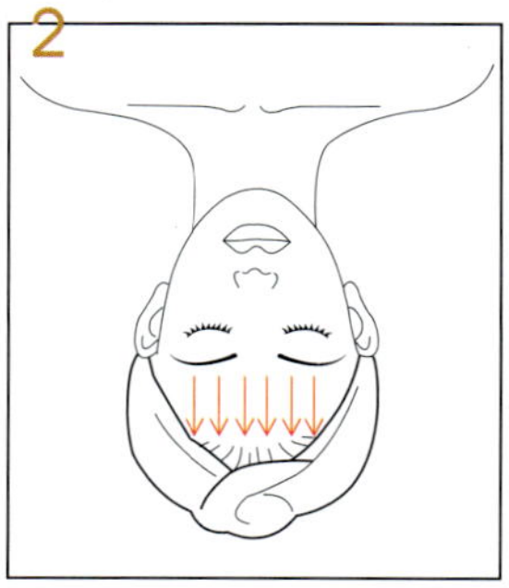

② 이마부위를 부드럽게 경찰법으로 중앙에서 왼쪽으로, 쓰다듬은 후 관자놀이를 압하고 중앙에서 오른쪽으로 쓰다듬은 후 관자놀이를 압한다.

3

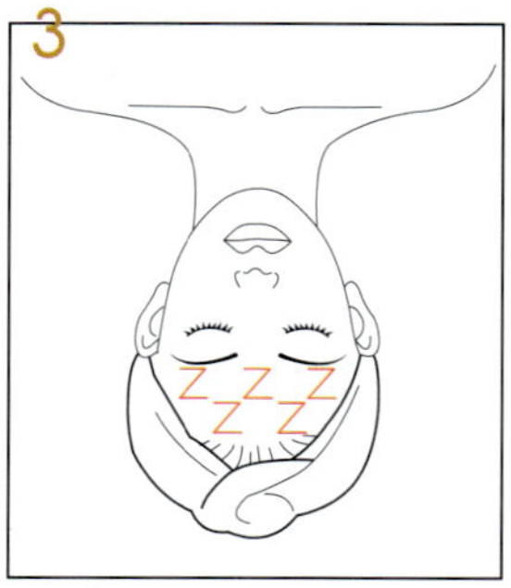

③ 이마부위를 중앙에서 왼쪽으로, 중앙에서 오른쪽으로 지그재그(zigzag)로 움직인다. 이때 꼼꼼하게 주름을 펴주는 느낌으로 제2지(검지)와 3지(중지)를 이용하여 움직인다.

4

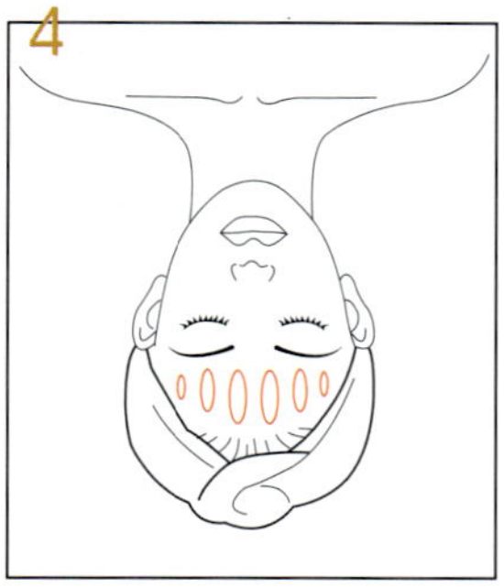

④ 이마 중앙에서부터 양쪽 관자놀이를 향하여 긴 원을 문지르면서 움직인다(circular motion).

5

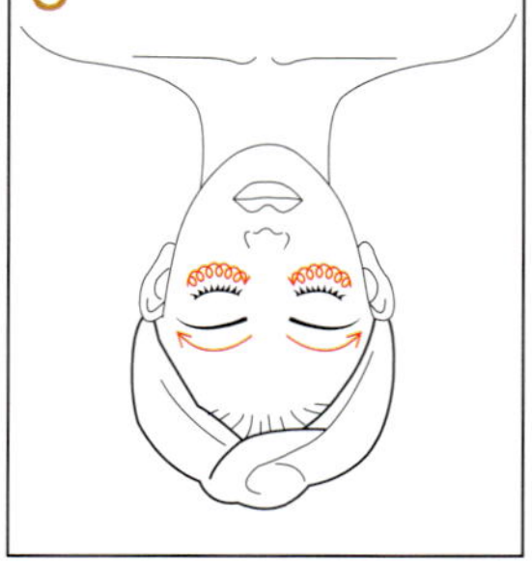

⑤ 눈머리쪽을 향해 가장 부드러운 손가락인 제4지(약지)로 눈꼬리 아래에서 눈 밑 아래를 돌아 눈머리까지 부드럽게 나선형을 그리면서 움직인 후 3지로 바꾸어서 올라온 후 2, 3, 4지로 눈머리(정명)를 살짝 압을 준 뒤 눈썹주위를 쓰다듬고 관자놀이에서 살짝 압을 준다).

6

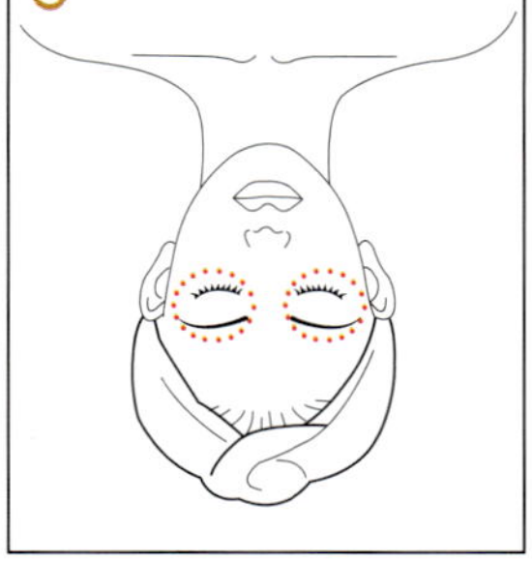

⑥ 눈 주위를 둥글게 Piano치듯이 고타법으로 2, 3, 4, 5지를 번갈아 두드린다.

7

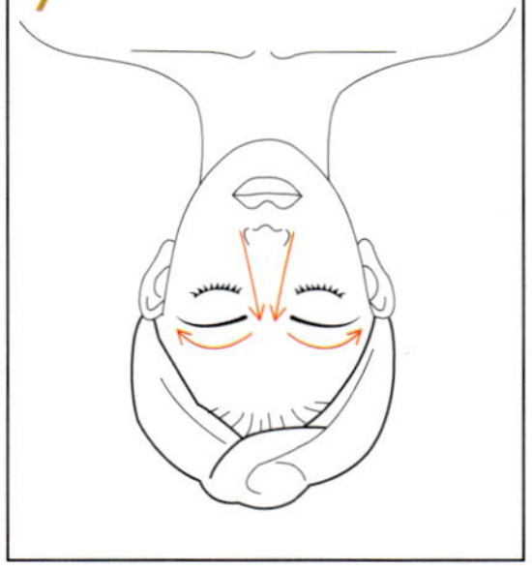

⑦ 콧등을 가위모양으로 양손의 2, 3지를 이용하여 번갈아가며 쓸어 올린 후 눈썹부위를 돌아 관자놀이에서 살짝 압주면서 멈춘다(scissor technique).

8

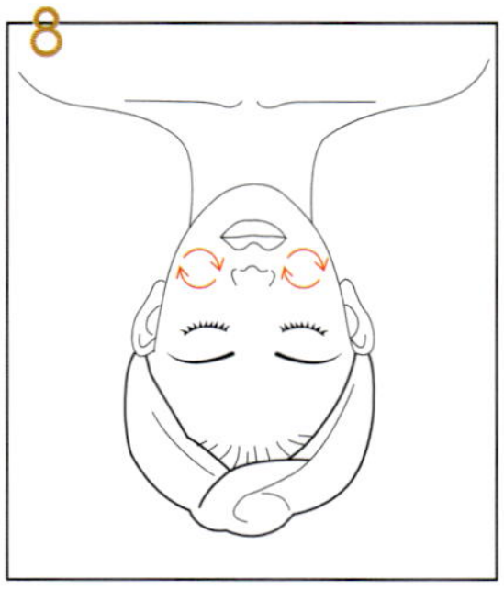

⑧ 양쪽 볼을 원을 그리듯이 6번과 같이 엄지를 제외한 2, 3, 4, 5지를 이용하여 고타법으로 가볍게 움직여 준다.

9

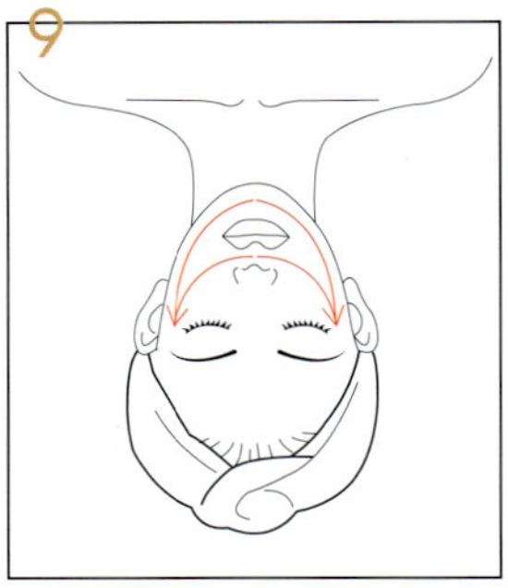

⑨ 입술을 중심으로 양손으로 가위모양으로 쓸어 준 후 관자놀이에서 멈춘다(scissor technique).

10

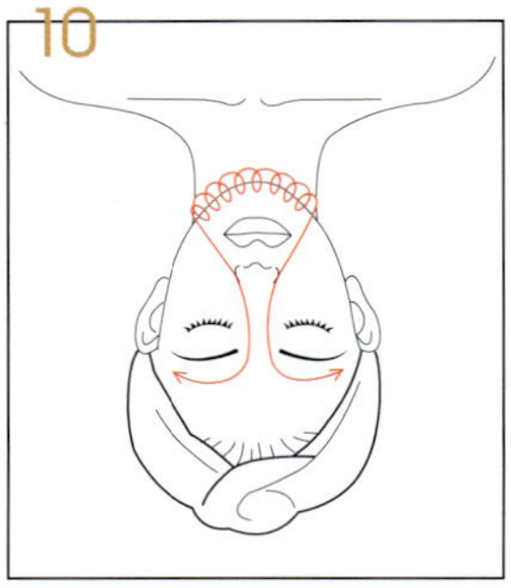

⑩ 왼손은 관자놀이에서 턱으로 내려오고 얼굴 옆선을 제2지인 검지를 이용하여 얼굴을 타고 내려와 왼쪽 턱 선에서 시작하여 오른쪽 턱끝까지 비틀어 꼬집듯이 하는 재킷 움직임(Dr. Jaket movement)으로 한 후 제3지인 중지를 이용하여 콧등 옆선을 타고 눈썹 부위까지 움직인후 관자놀이에서 살짝 압주면서 멈춘다.

11

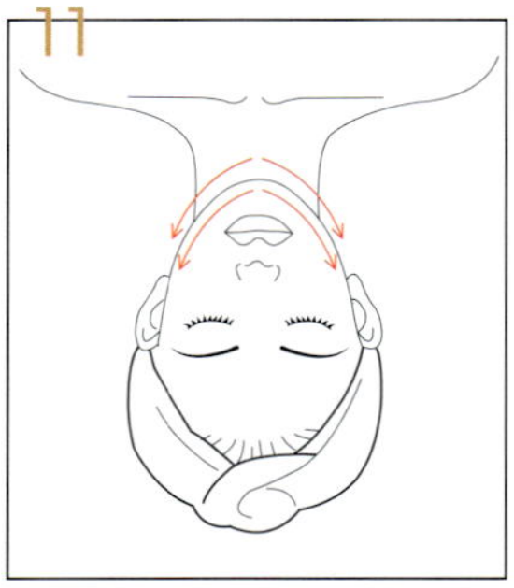

⑪ 얼굴 옆선을 타고 내려와 두 손을 가위모양으로 하여 턱 부위를 쓸어준다(scissor technique).

12

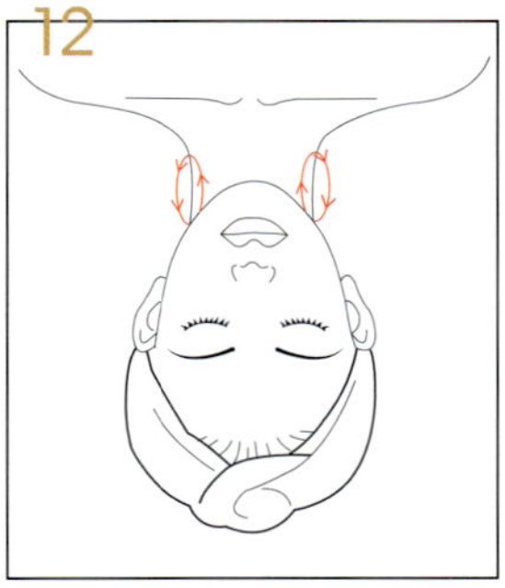

⑫ 목선을 타고 내려가면서 회전 나선형을 그리면서 움직인다(circular motion).

※ 나선형 동작시 내려갈 때는 힘을 빼고, 올라올 때는 힘을 살짝 가한다.

13

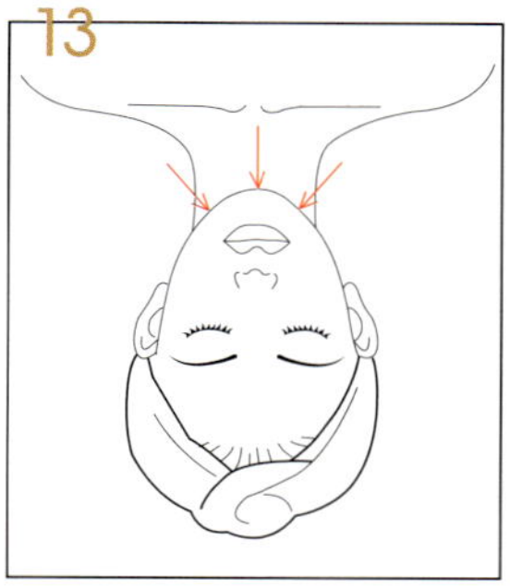

⑬ 목선을 가볍게 위를 향해 올라가면서 토닥토닥 두드려준다(tapping).

14

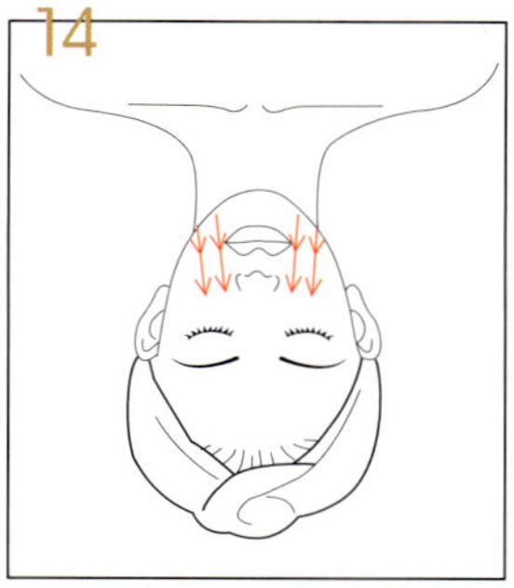

⑭ 왼쪽 볼 관리 후 오른쪽 볼로 이동하여 가볍게 위를 향해 올라가면서 토닥토닥 두드려준다(tapping).

15

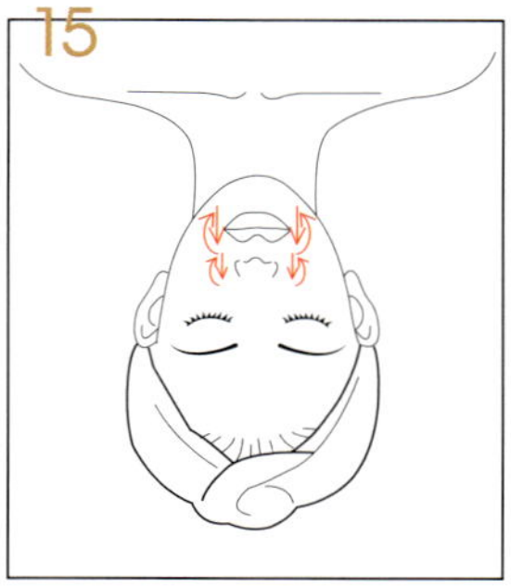

⑮ 왼쪽 볼 관리 후 오른쪽 볼로 이동하여 가볍게 위를 향해 올라가면서 토닥토닥 두드리기와 떨어주기를 한다(tapping and vibration/rolling).

16

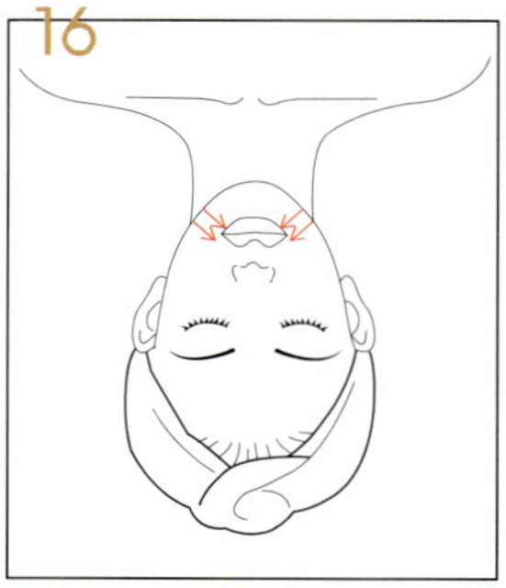

⑯ 양쪽 볼을 동시에 위를 향해 떨어주기를 한다(vibration/rolling).

17

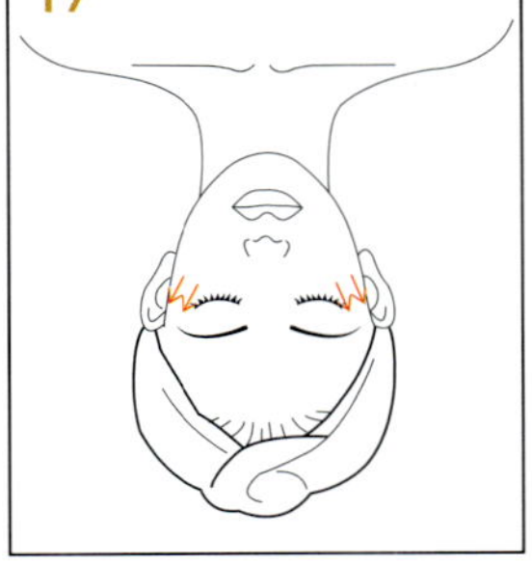

⑰ 왼쪽 눈가 관리 후 오른쪽 부위를 떨어주기를 한다(vibration /rolling).

18

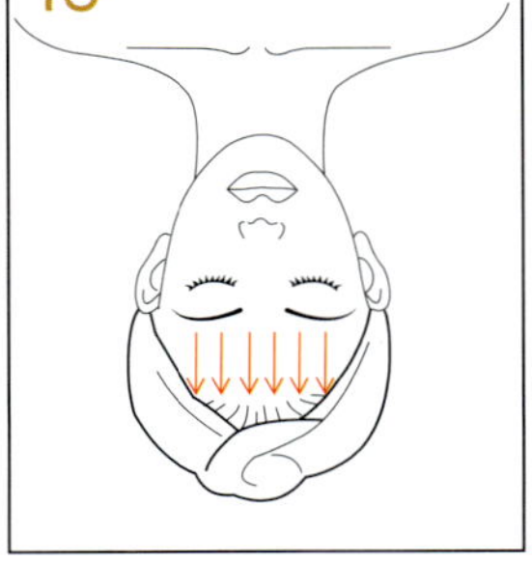

⑱ 이마부위를 ②번 동작과 같이 부드럽게 속도를 늦추면서 쓰다듬고 관자놀이에서 살짝 압주면서 멈춘다(effleurage).

19

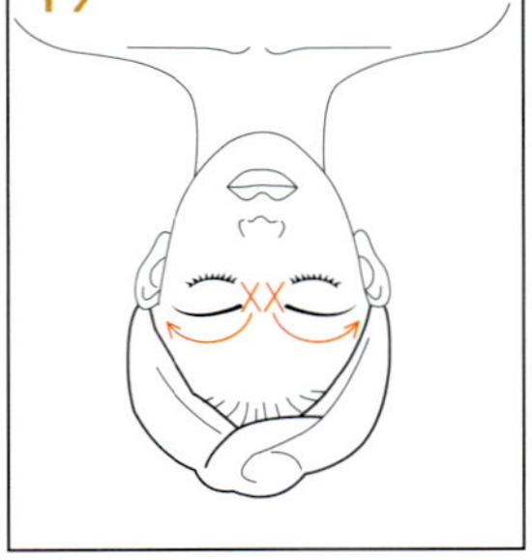

⑲ 얼굴 옆선 타고 내려와 다시 코 옆선 타고 올라 간 후 3지로 눈머리(정명)를 살짝 압한 뒤 눈 전체를 양손으로 약간 압을 가해 덮은 후 엄지를 제외한 2, 3, 4, 5 손가락으로 다시 눈썹을 쓸어주고 관자놀이(태양혈)에서 3, 4지로 살짝 압을 준다(pressure).

⑳ 티슈를 이용하여 삼각 혹은 사각으로 접어 크림의 유분을 찍어내어 제거한다. 이때 티슈를 문질러 유분기를 제거해서는 안된다.

※피부관리의 모든 과정이 다 중요하나 고객은 매뉴얼테크닉이 실제적으로 가장 중요한 것으로 생각하기 쉽다. 피부미용사의 실력을 테크닉과 연결짓기가 쉬우므로 기본적인 테크닉을 숙련되게 연습해야 한다.

㉑ 라운드 패드(round pad)를 제2, 3, 4지를 이용하여 낀 후 나머지 유분을 깨끗이 제거하고 스킨로션으로 마무리를 해준다. 이때 온습포를 추가하여 사용해주어도 좋다(반드시 삶아서 말린 깨끗한 타올을 사용하여야 한다).

## 온습포 사용법(Steam towel)

· 타올의 온도가 너무 뜨거워 화상을 입혀서는 안된다(40~45℃).
· 안면의 경혈점을 눌러주면 더욱 효과가 있다.
· 민감성, 농포성, 모세혈관 확장성, 제모 직 후, 필링 직 후에는 사용을 금한다.
· 사용 후 꼭 깨끗이 삶아서 말린 후 사용한다(삶는시간 : 20분 이상).

## 매뉴얼 테크닉 Ⅲ

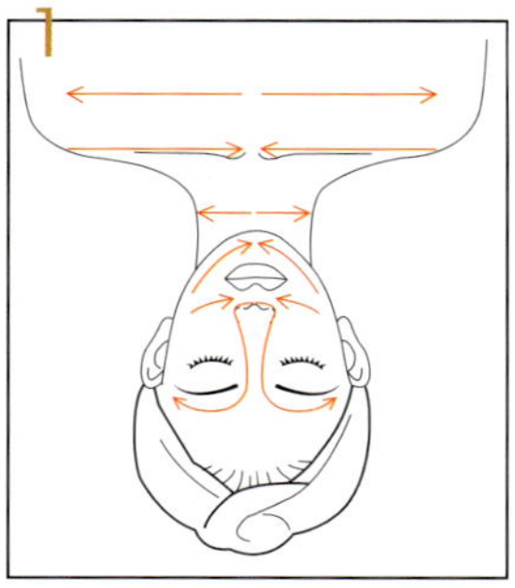


① 데콜테라인부터 시작하여 속으로 하나, 둘, 셋, 넷, 다섯을 세면서 로션이나 크림을 재빨리 도포한다.

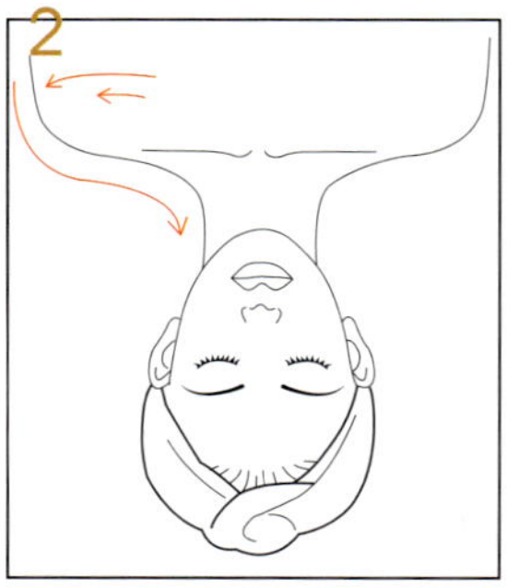


② 양손을 번갈아 왼쪽 부위를 쓰다듬으면서 돌아 어깨 옆선을 타고 연결 동작으로 오른쪽 부위를 같은 방법으로 움직인다.

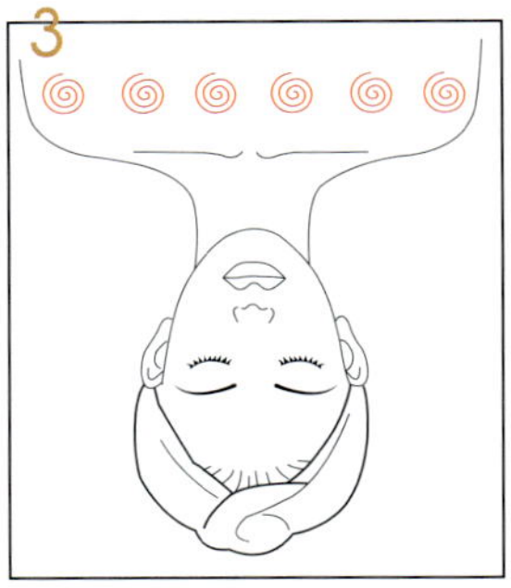

③ 연결동작으로(손을 떼지 않고) 끌어와 주먹을 쥐고 중앙에서 액와부까지 굴려준다.

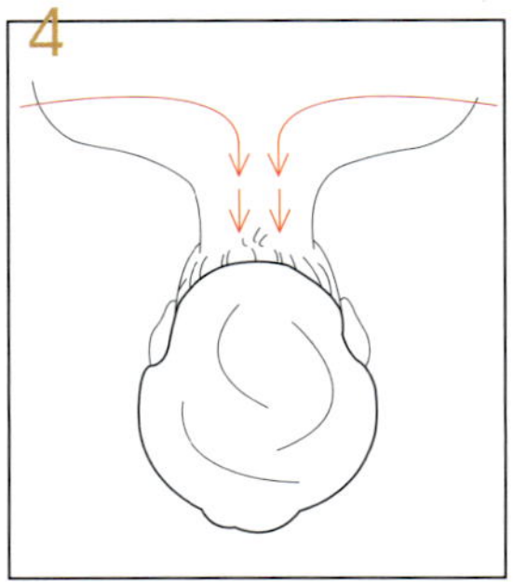

④ 손을 떼지 않은 연결동작으로 목 뒤를 뒤쪽 어깨부위에서 목선 위를 향해 쓸어 올려준다.

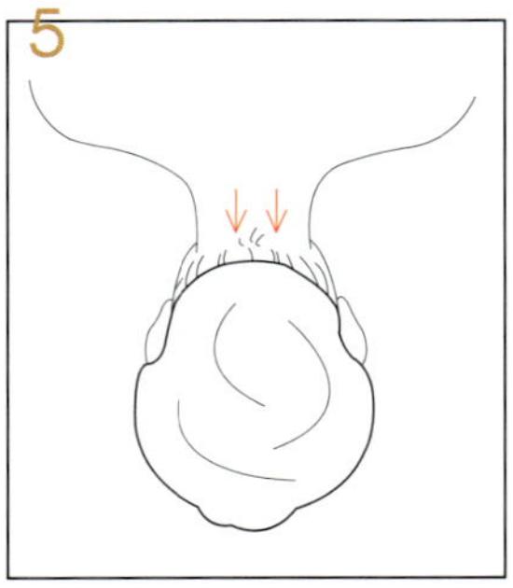

⑤ 뒷 목선을 쓸어 올려준다.

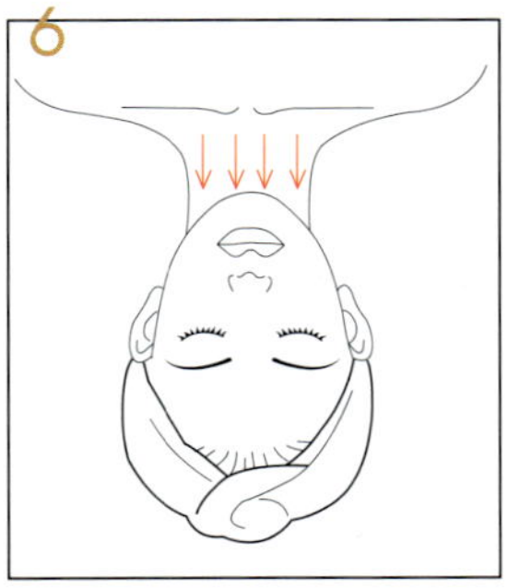

⑥ 손을 떼지 않은 연결동작으로 목 앞을 가볍게 쓰다듬는다.

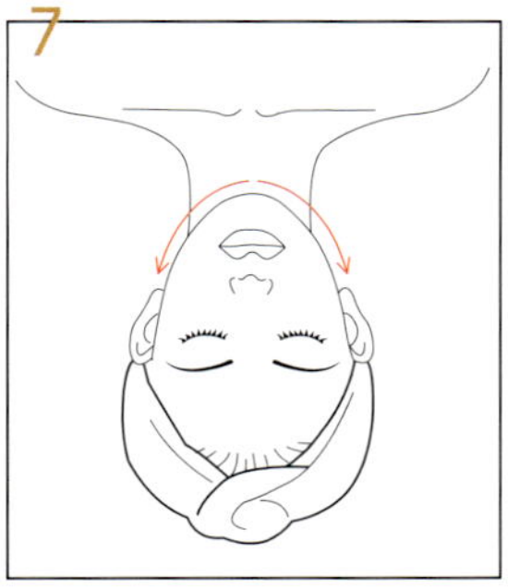

⑦ 양 뺨 부위를 두 손을 이용하여 가볍게 쓰다듬는다.

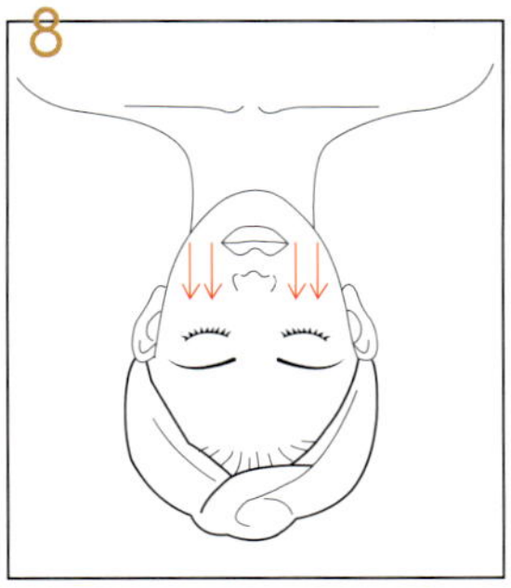

⑧ 입가 양 쪽 옴폭 들어간 부위와 광대뼈 밑 부위를 양손으로 가볍게 쓰다듬는다.

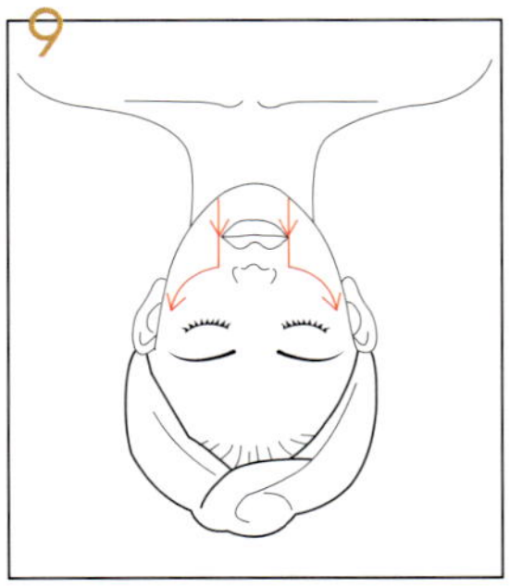

⑨ 양쪽 볼을 동시에 위를 향해 떨어주기를 한다(vibration /rolling).

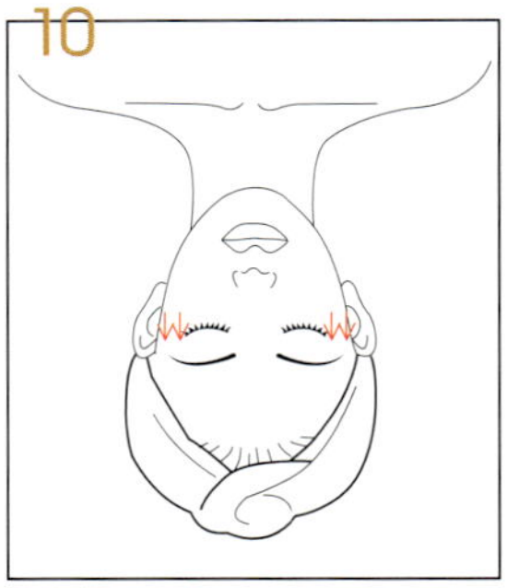

⑩ 왼쪽 눈가 관리 후 오른쪽 부위를 떨어주기를 한다(vibration /rolling).

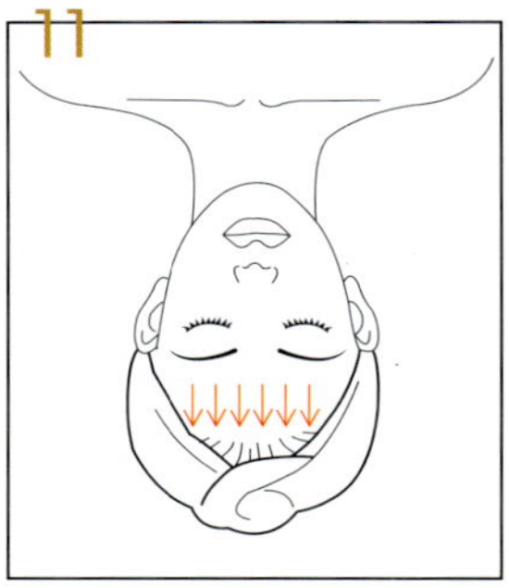

⑪ 이마부위를 ②번 동작과 같이 부드럽게 속도를 늦추면서 쓰다듬고 관자놀이에서 살짝 압주면서 멈춘다(effleurage).

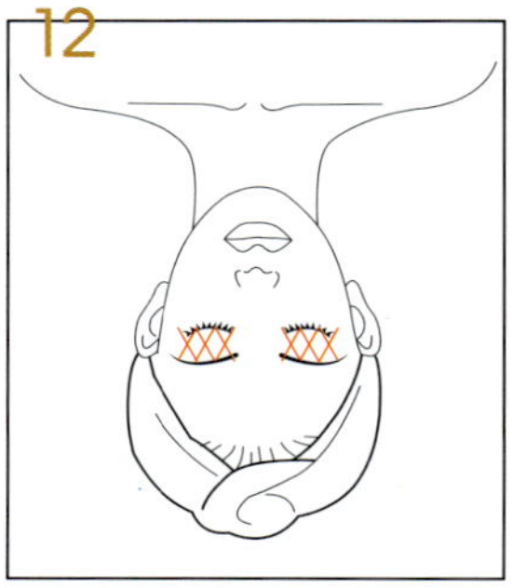

⑫ 얼굴 옆선 타고 내려와 다시 코 옆선 타고 올라 간 후 3지로 눈머리(정명)를 살짝 압한 뒤 눈 전체를 양손으로 약간 압을 가해 덮은 후 엄지를 제외한 2, 3, 4, 5 손가락으로 다시 눈썹을 쓸어주고 관자놀이(태양혈)에서 3, 4지로 살짝 압을 준다(pressure).

⑬ 라운드 패드(round pad)를 제2, 3, 4지를 이용하여 낀 후 나머지 유분을 깨끗이 제거하고 스킨로션으로 피부정돈을 해준다. 이때 온습포를 추가하여 사용해주어도 좋다(반듯이 삶아서 말린 깨끗한 타올을 사용하여야 한다).

※ 티슈를 이용하여 삼각 혹은 사각으로 접어 크림의 유분을 찍어내어 제거한다. 이때 티슈를 문질러 유분기를 제거해서는 안된다.

# 6. 팩 및 마무리(Pack & treatment completion)

## 1) 목적 및 효과

- 피부에 필요한 유효성분을 공급
- 제품의 기능에 따라 진정효과, 재생효과, 보습효과, 항균・항염 효과 등을 제공

## 2) 종류와 특징

### (1) 사용방법에 따른 분류

| 타입 | 특징 및 방법 |
|---|---|
| 떼어내는 타입<br>(Peel off type) | 젤 또는 액상형태. 건조되면서 팽팽한 막이 형성<br>건조되면 아래에서 위로 제거 |
| 물로 씻어내는 타입<br>(Wash off type) | 크림, 젤, 거품, 분말 등 다양한 형태<br>해면스폰지 또는 wet cotton으로 닦아내거나 미온수로 씻어냄 |
| 티슈로 닦아내는 타입<br>(Tissue off type) | 흡수가 잘되는 크림이나 젤 형태<br>보습, 영양 공급효과가 뛰어남<br>건성, 노화 피부에 효과적 |

### (2) 재료의 형태에 따른 분류

| 타입 | 특징 및 방법 |
|---|---|
| 파우더(분말) | 모델링, 석고, 해초, 한방재료 등을 증류수나 화장수에 섞어 사용 |
| 젤 | 스파튤라나 붓으로 고르게 바름. 수분, 진정작용 우수 |
| 크림 | 제품도포 후 일정시간이 경과되면 유효성분만 흡수. 보습, 유연효과 |
| 점토 | 머드, 카올린 등의 함유로 피지흡착을 도와줌 |
| 왁스 | 파라핀 등의 왁스류로써 영양침투 촉진을 위한 밀봉요법 |
| 시트 | 피부에 부착한 후 일정시간 경과 되면 떼어냄 |

## 3) 유의사항

- 팩의 효능을 고객에게 미리 설명해 줌
- 피부타입에 맞는 적절한 제품으로 약 15~20분 정도의 시간을 엄수하기
- 피부상태에 맞는 제품을 선별해서 사용
- 브러시는 45°로 눕혀 피부결 따라 도포. 도포순서(볼-이마-코-턱-목-데콜테)
- 팩 도포 전 아이크림 바르고 아이패드 사용 후 립 크림, 앰플 등 필요한 영양물질을 도포하고 팩 적용
- 제거시 입, 코에 들어가지 않도록 주의하여 잔여물이 남지 않게 함
- 팩 제거 후 냉 습포 또는 cool-wet cotton을 적용하여 모공수렴을 도와줌

## 4) 사용방법

### 사례 I (mask)

[팩 도포 전] : 아이크림 바르고 아이패드 적용, 립 크림, 앰플 등의 필요한 영양물질 흡수시켜줌

[팩 도포 시] : 균일한 두께로 도포(볼-이마-코-턱-목-데콜테)

[팩 도포 후] : 약 15~20분 정도 지나면 해면스폰지 또는 wet cotton으로 제거하고 냉습포로 정리

### 사례 II (wet compress mask)

[팩 도포 전] : 아이크림 바르고 아이패드 적용, 립 크림, 앰플 등의 필요한 영양물질 흡수시켜줌

[팩 도포 시] : 균일한 두께로 도포(볼-이마-코-턱-목-데콜테)

[팩 도포 후] : wet compress mask 적용
약 15~20분 정도 지나면 해면스폰지 또는
wet cotton으로 제거하고 냉습포로 정리

· 팩은 적당한 두께로 균일하게 도포하고 브러시 자국이 남지 않도록 주의
· 팩 도포 시 브러시 대신 스파튤라로 고르게 펴주는 것도 가능
팩은 (볼-이마-코-턱-목-데콜테) 또는 (이마-볼-코-턱-목-데콜테)순서로 도포

## 5) 마무리

### (1) 목적 및 효과

· 피부 정돈
· 스킨로션으로 피부 정돈 후 Protection(크림 또는 로션), 자외선 차단제 사용

### (2) 사용법

스킨로션- 프로텍션(로션, 자외선 차단제 등)으로 마무리(스킨로션 사용법은 p. 20 참조)

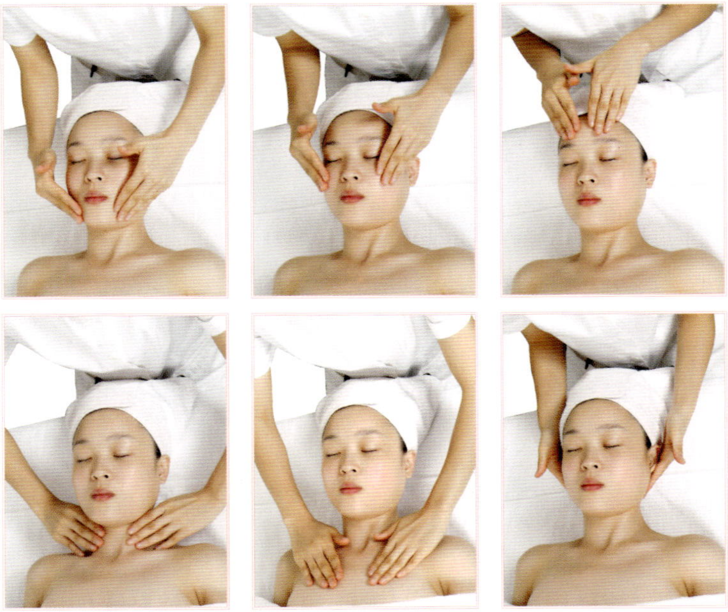

# Ⅱ 전신관리

## 1. 클린징(Cleansing)

### 1) 목적 및 효과

- 피부표면의 분비물과 환경오염으로 인한 물질 등
- 깨끗하고 건강한 피부상태
- 정확한 피부분석 용이

### 2) 클린징 종류와 특징

| 제 품 | 종 류 | 사용방법 | 특 징 |
|---|---|---|---|
| 클린징 | 클린징 로션 | 젖은솜(wet cotton)에 적당량을 덜어 신속히 닦아냄 | 깨끗한 피부세정 및 피부표면의 분비물 등 제거 |
| | 클린징 오일 | 적당량을 고르게 도포한 후 닦아냄 | |

### 3) 유의사항

- 제품의 잔여물이 남지 않도록 신속하게 제거
- 전신관리시 각 부위별 시술이 끝날 때 온습포와 스킨로션으로 마무리 해주기

# 2. 매뉴얼 테크닉

전신 매뉴얼 테크닉이란 신체의 모든 부위를 대상으로 근육의 이완과 탄력증진 및 혈액순환을 통한 전신의 피로회복과 스트레스 완화 및 건강유지를 목적으로 함

관리시 식물성오일(조조바) 등을 피부타입에 맞게 사용할 경우 잘 흡수가 되어 닦아낼 필요가 없으나 많은 양을 도포한 경우와 광물성오일을 사용한 경우에는 wet cotton이나 온습포로 닦아내고 스킨로션으로 피부를 정돈함

### ※ 부적용증

- 감염성 질환, 화상, 외상, 접촉성 피부염, 임산부의 가슴과 배, 암 환자, 악성 종양, 심한 민감성 피부, 수술직후 등은 관리하지 않도록 함

### ※ 유의사항

- 관리 시 오일이나 크림이 주변에 묻지 않도록 함
- 관리 후 노출된 부위를 타월로 덮어둠
- 마찰을 줄이기 위해 사용하는 제품은 알맞은 양을 사용
- 손과 팔의 힘으로만 관리하지 말고 체중을 실어 관리사의 피로를 최소화함
- 마무리 시 노화피부나 건성피부의 경우 필요에 따라 스킨로션으로 피부정돈 후 바디로션을 사용해준다.

## 1) 등 관리

### (1) 목적 및 효과

- 뭉친 근육을 풀어주고 피부조직을 이완시킴
- 혈액순환을 증진시켜 피로회복 및 스트레스 해소

### (2) 유의사항

- 척추 등을 비롯한 뼈가 있는 부위에 직접적인 강한 압을 가하지 않도록 함

### (3) 해부학적 구조

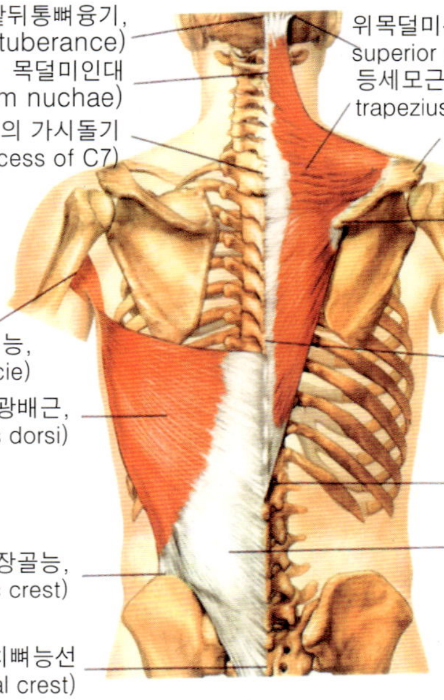


그림 2-1. 등 근육

### (4) 기법

[클린징 & 피부정돈]

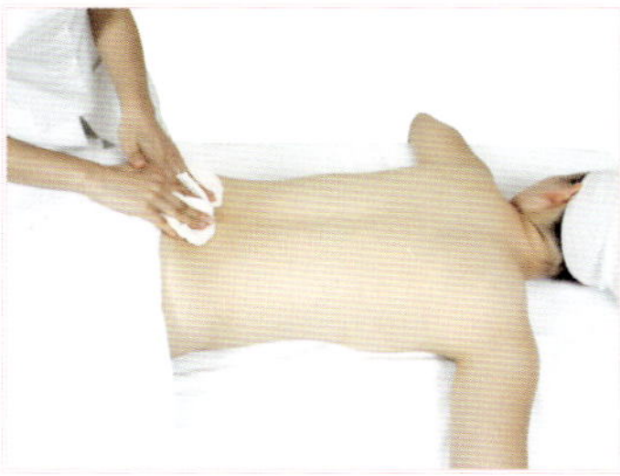
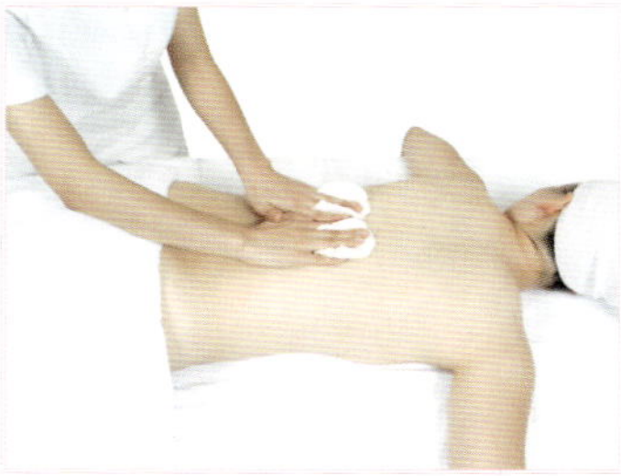
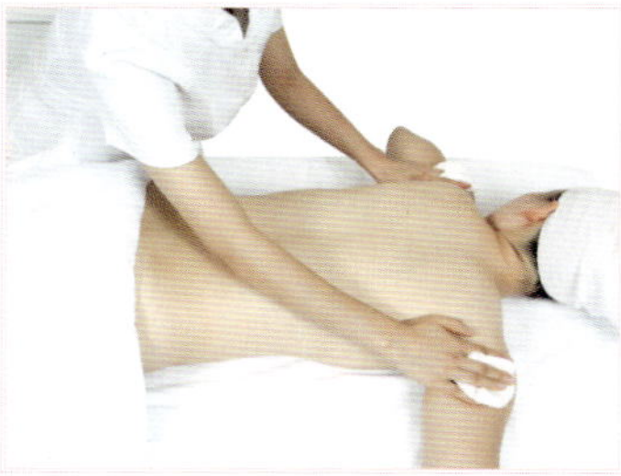
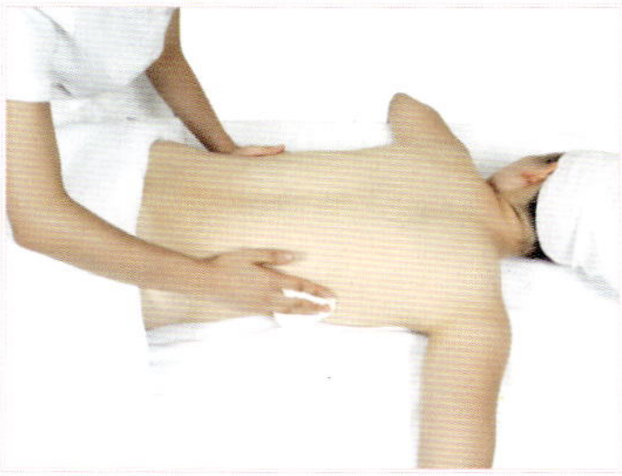

[매뉴얼테크닉]

① 오일도포, 전체 쓰다듬기($f_1$~$f_5$)

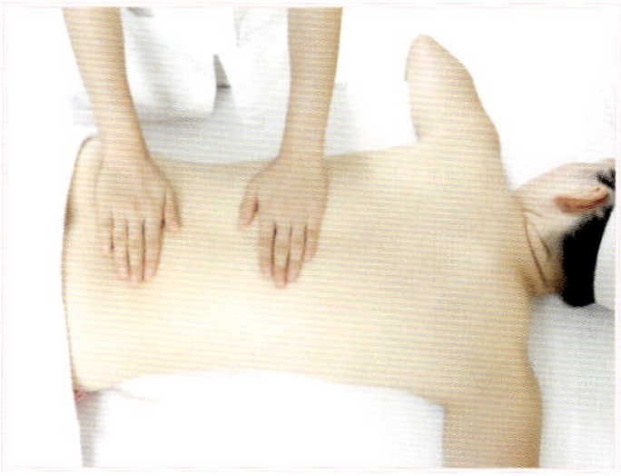
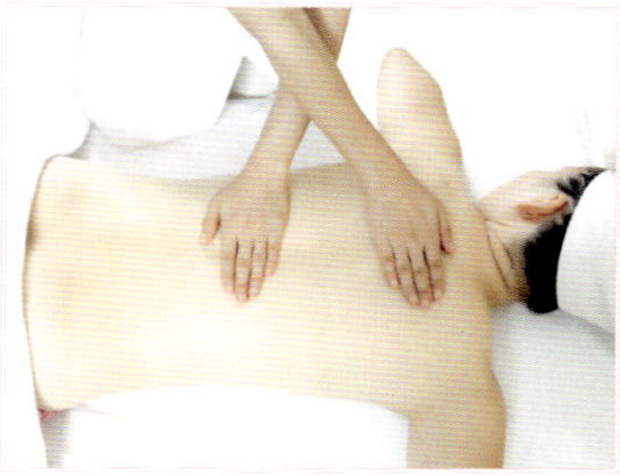
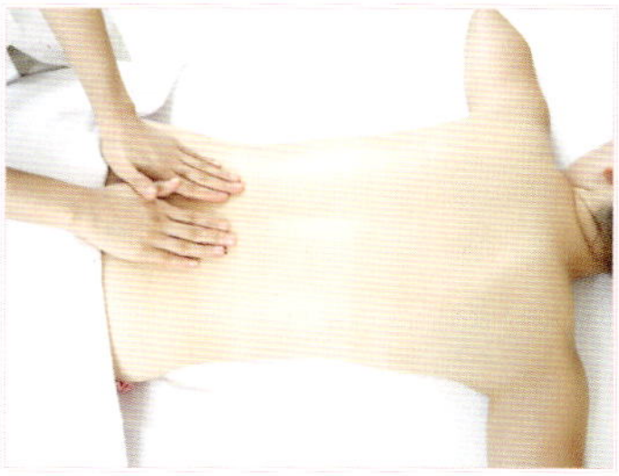
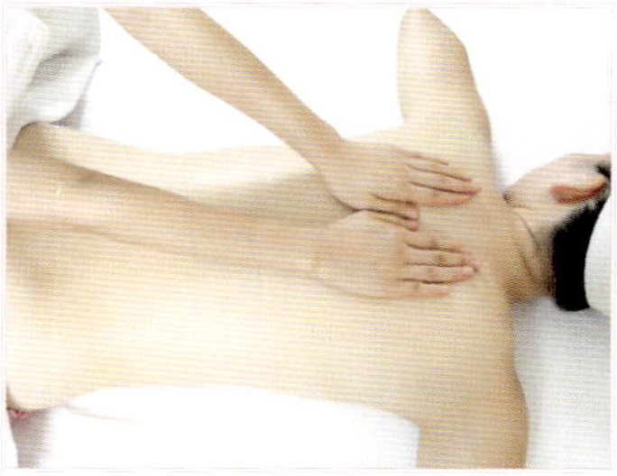
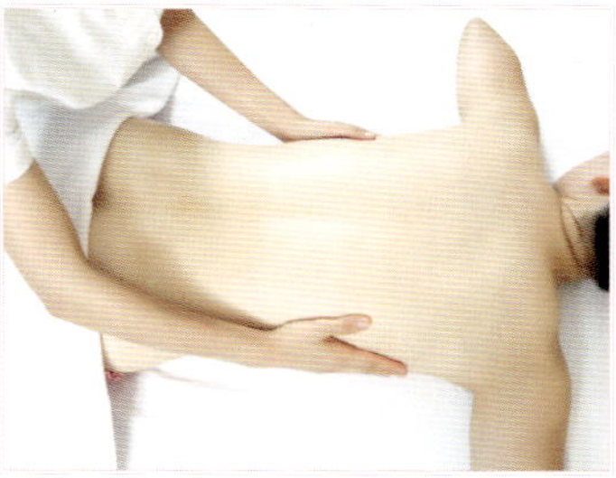

② 전체 나선형으로 가능한 한 촘촘하게 문지르기(양 손바닥)

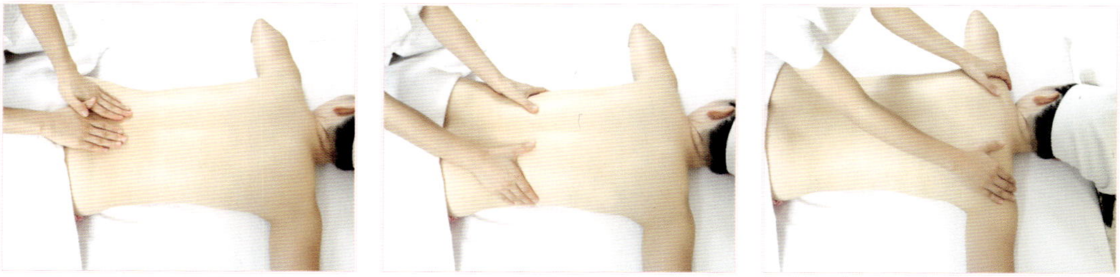

③ 기립근 부위 밀어 올려주기(양 엄지)

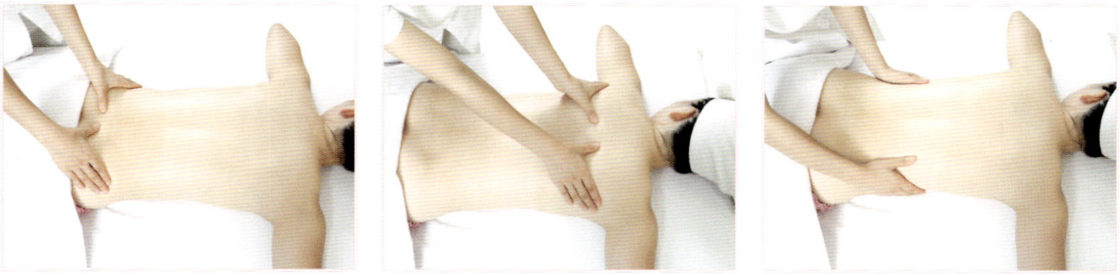

④ 기립근 부위 나선형으로 문지르기(양 엄지)

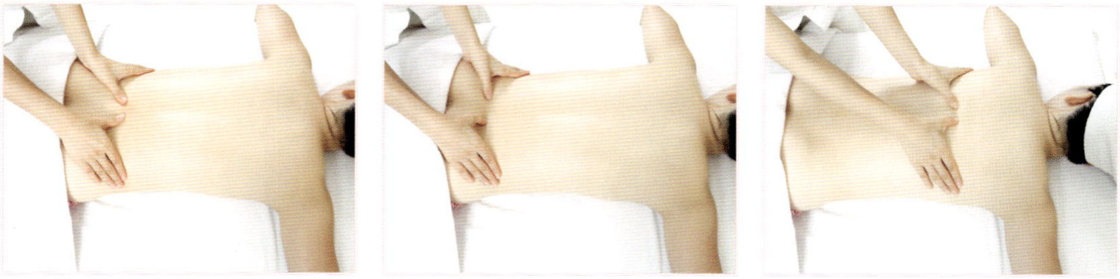

⑤ 전체 나선형으로 문지르기(지과면)

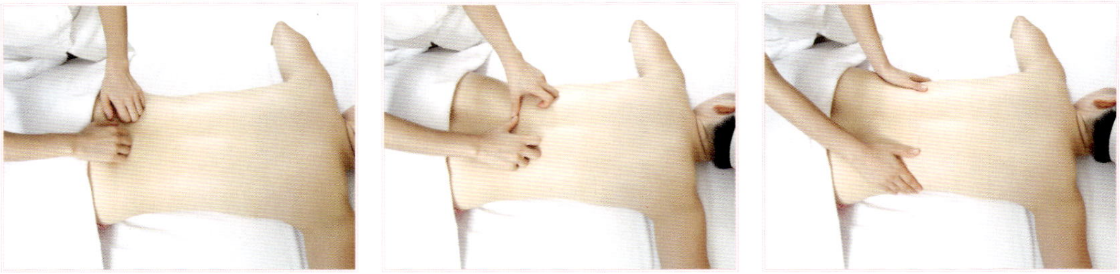

※ 가능한 한 촘촘하게 해주기

⑥ 왼쪽 기립근부위 교대로 밀어 올려주기($f_1$)

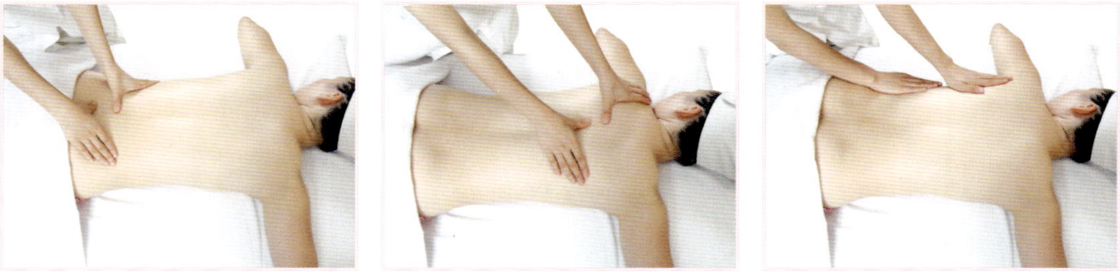

⑦ 왼쪽 견갑골부위 쓰다듬기($f_1 \sim f_5$)

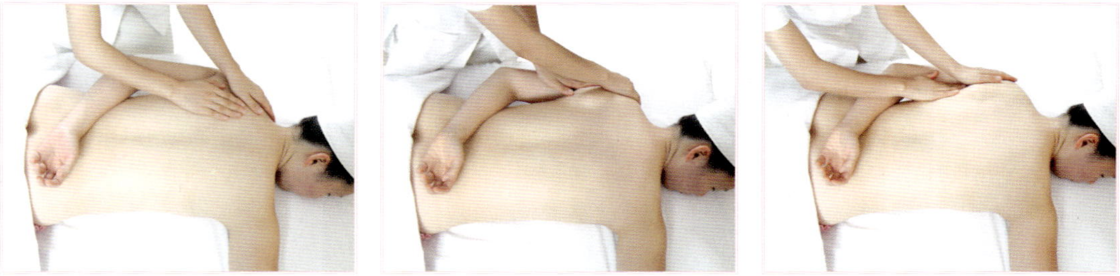

⑧ 왼쪽 견갑골부위 마찰하기(양 엄지)

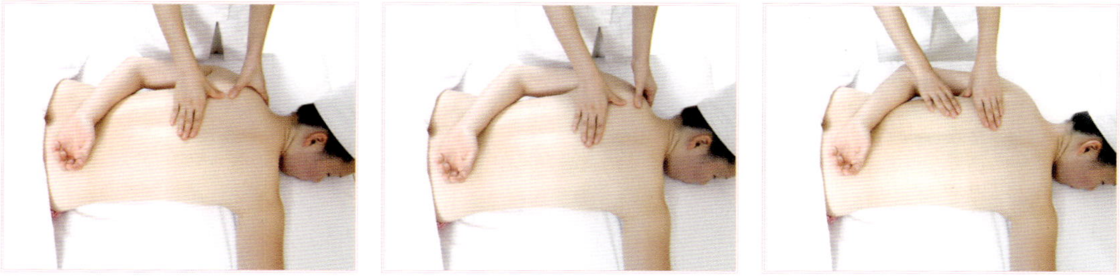

⑨ 왼쪽 견갑골부위 나선형으로 문지르기(지과면)

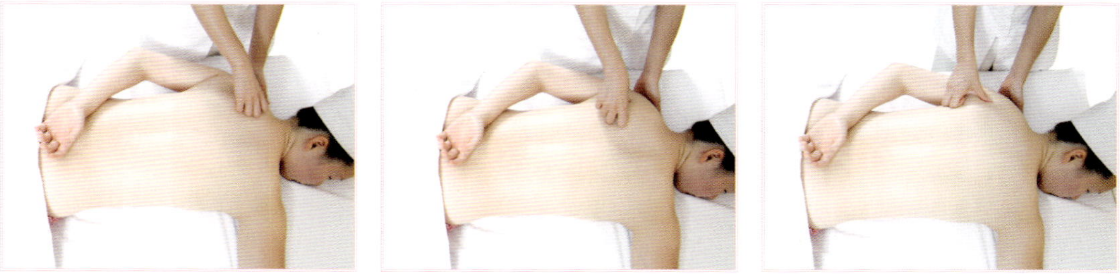

※ ⑥~⑨번 : 왼쪽 시술 후 오른쪽도 동일하게 적용하기

⑩ 승모근부위 교대로 밀어주기(수근)

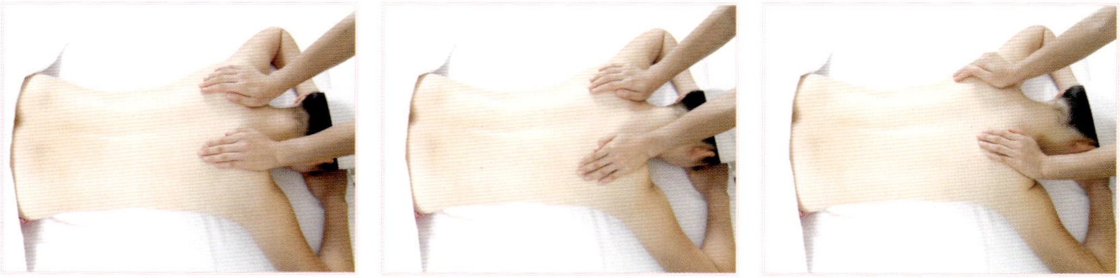

⑪ 승모근부위 비틀어주기($f_1$~$f_5$)

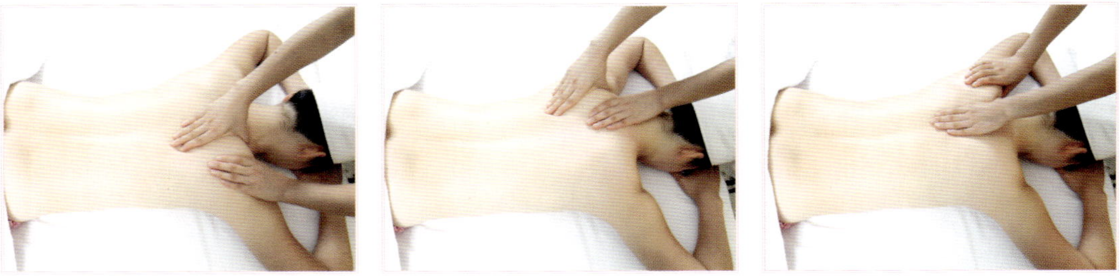

⑫ 승모근 상부 쓰다듬기($f_1$~$f_5$)

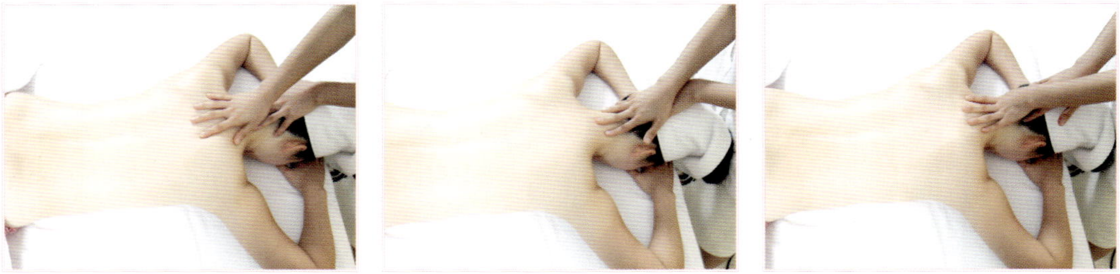

⑬ 승모근부위 마찰하기(지과면)

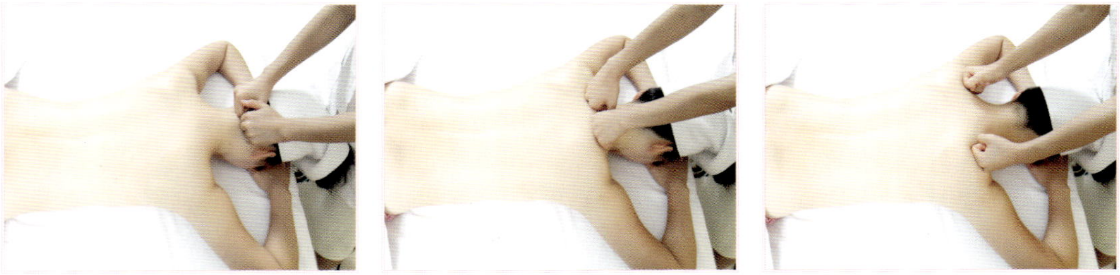

※ ⑩~⑬번 동작은 피시술자가 세배하듯 이마를 손등에 올려놓은 자세

⑭ 전체 쓰다듬기(양 손바닥)

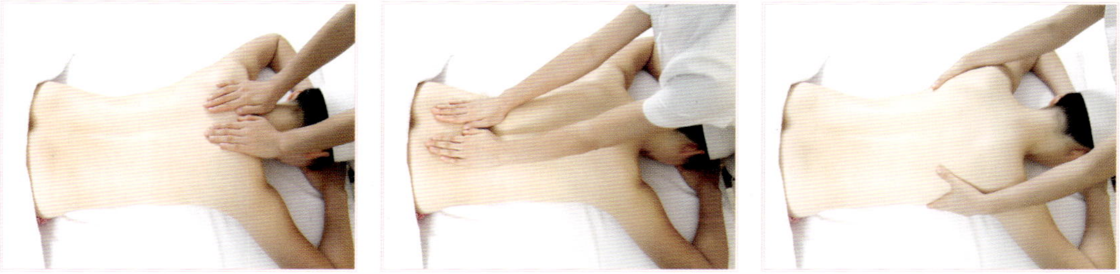

⑮ 늑골, 천골부위 쓰다듬기($f_1$~$f_5$)

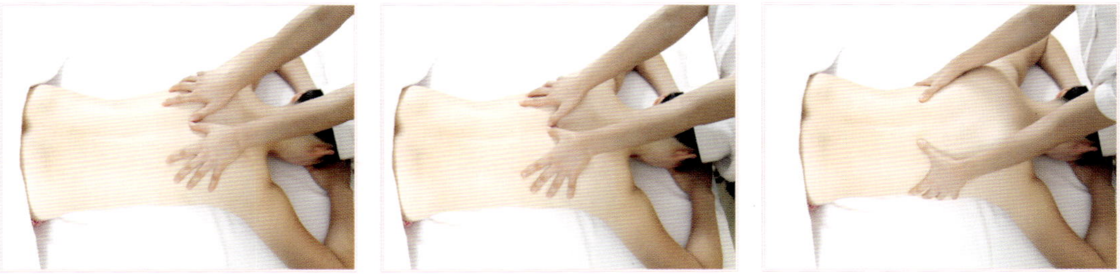

⑯ 요추부위 ∞자로 굴려주고, 등 전체 ∞자로 굴려주기(양손 겹치기)

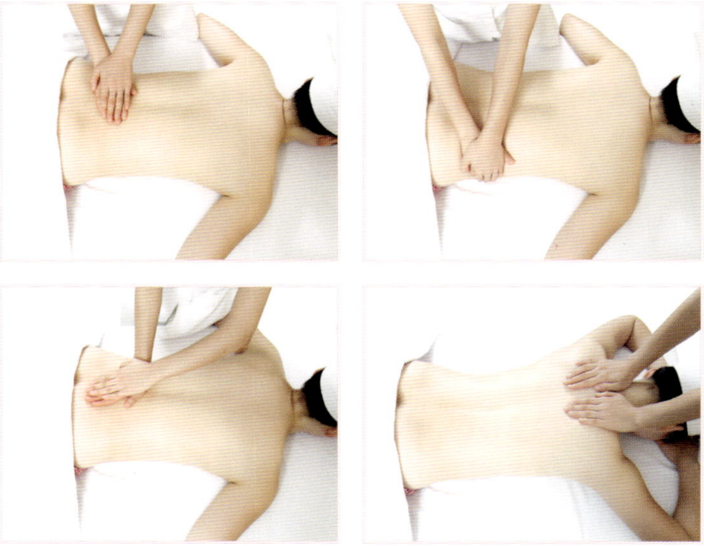

⑰ 천골부위에서 장골능 따라 쓰다듬기(양 손바닥)

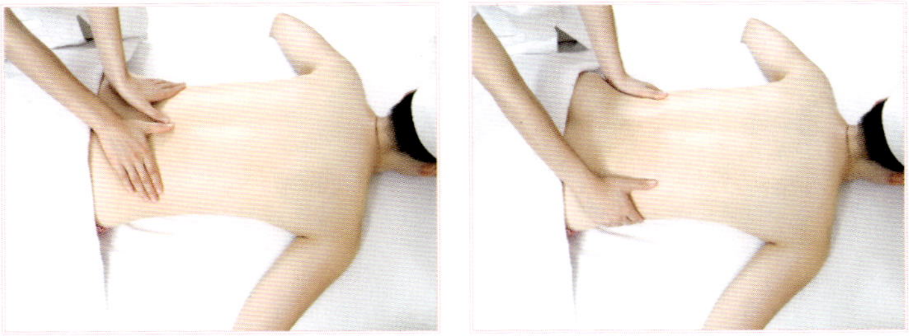

⑱ 장골능따라 굴려주기(지과면)

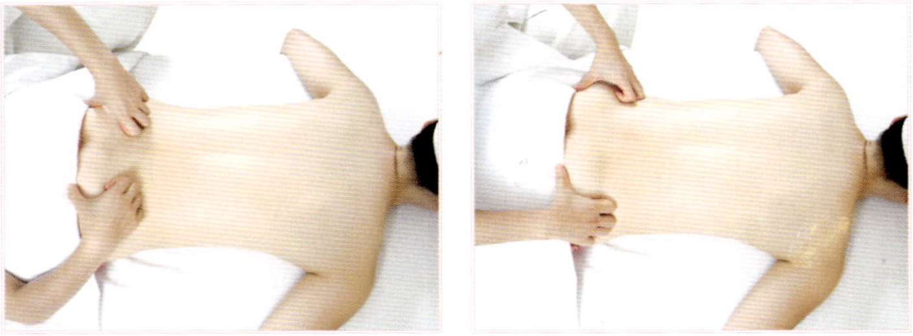

⑲ 측면부위 X형태(사선방향)로 쓰다듬기($f_1 \sim f_5$)

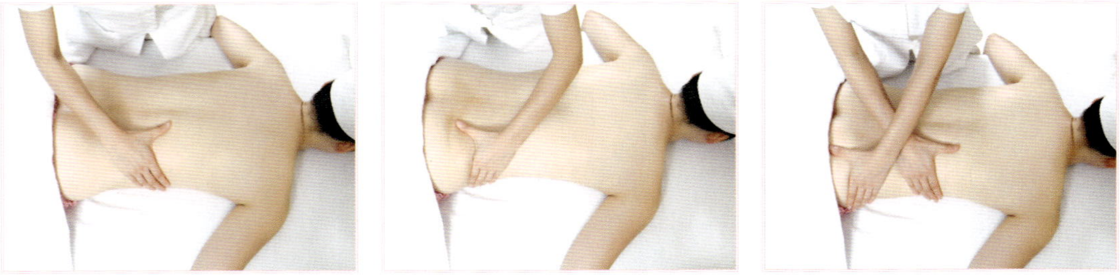

⑳ 측면부위 주무르기($f_1 \sim f_5$)

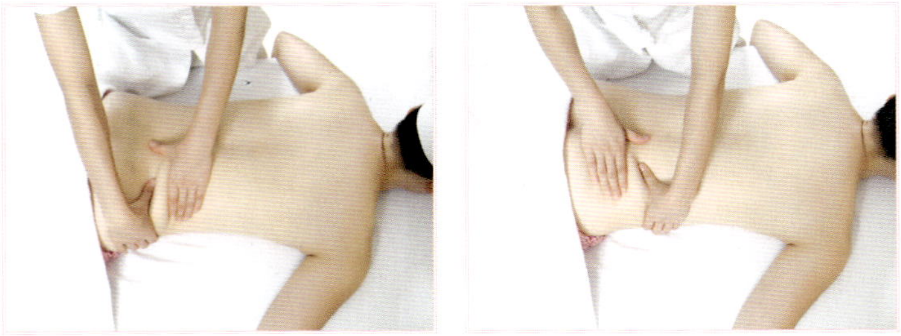

㉑ 전체 교대로 밀며 끌어 올려주기($f_1$~$f_5$)

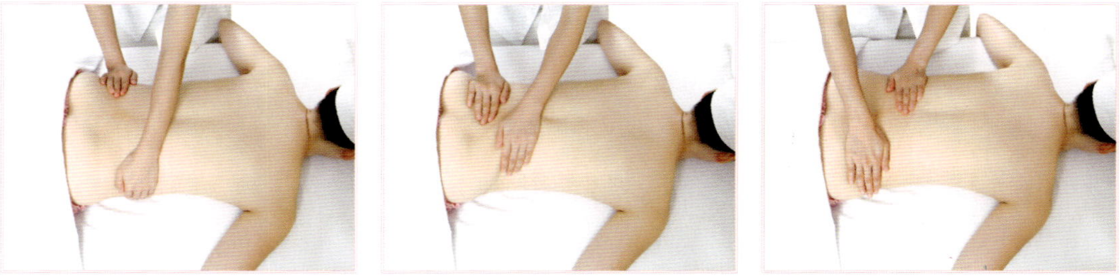

㉒ 전체 위, 아래로 늘려주기($f_1$~$f_5$)

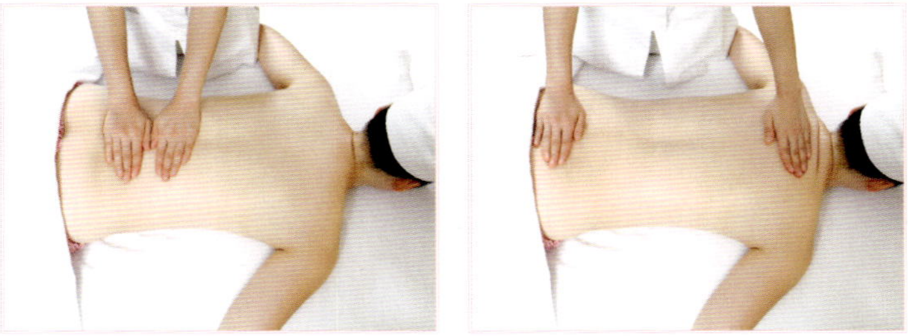

㉓ 전체 두드리기($f_1$~$f_5$)

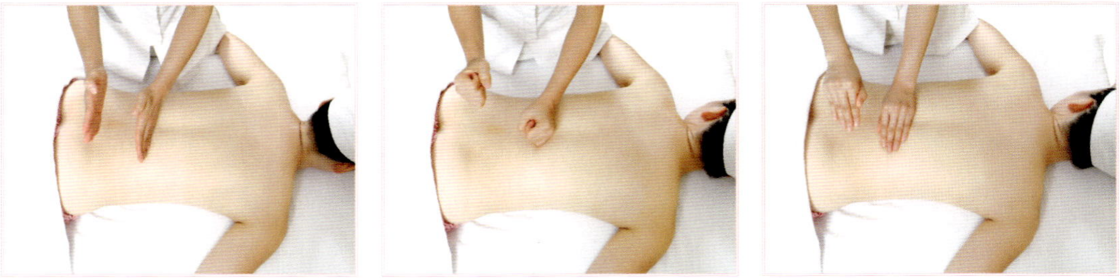

※ 척추부위는 피하고 그 주변부위를 가볍고 부드럽게 왼쪽과 오른쪽 모두 두드리기 가능한 한 소리가 나지 않게 두드리기(소리가 나지 않게 하기 위해 소형타월을 이용하기도 한다.)

㉔ 전체 진동하기($f_1$~$f_5$)

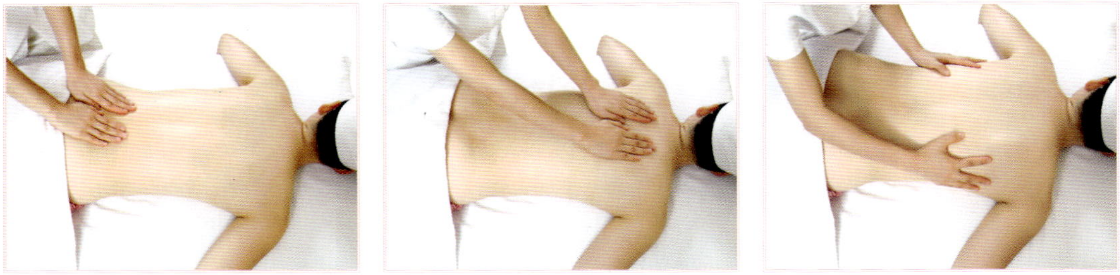

㉕ 전체 쓰다듬기($f_1$~$f_5$)

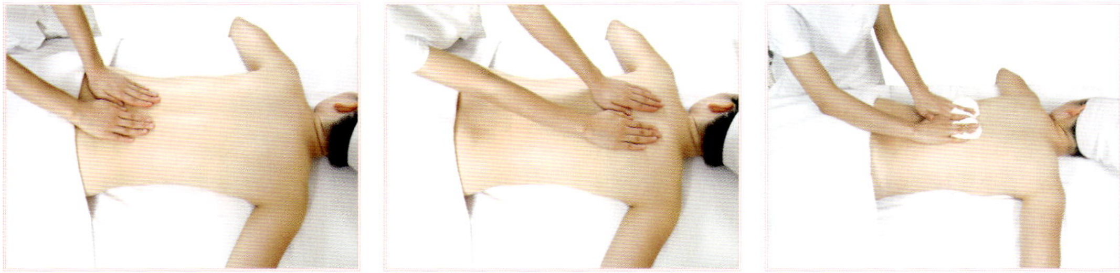

### (5) 유의사항

- 관리 시 오일이나 크림이 주변에 묻지 않도록 함
- 시술 후 마무리 관리 시 이동할 때에는 노출된 부위를 타월로 덮어둠
- 마찰을 줄이기 위해 사용하는 제품은 알맞은 양을 사용
- 손과 팔의 힘으로만 관리하지 말고 체중을 실어 관리사의 피로를 최소화함

## 2) 다리뒷면 관리

### (1) 목적 및 효과

- 신체 각 기관의 기능을 활성화
- 초과 잉여지방조직으로 인한 셀룰라이트 형성 예방 및 완화
- 혈액순환 촉진 및 피로와 스트레스 완화

### (2) 유의사항

- 시술하지 않는 부위는 타월로 덮어둠
- 발가락 끝 부분까지 관리함
- 오금(슬와부)부위에 강한 압을 가하지 않도록 함

### (3) 해부학적 구조

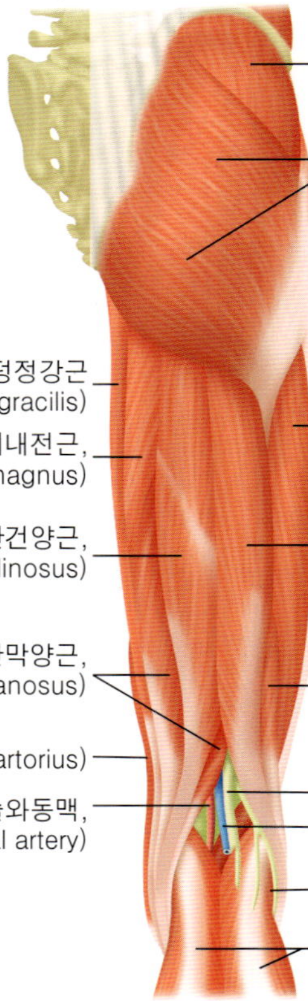


그림 2-2. 대퇴후면 근육

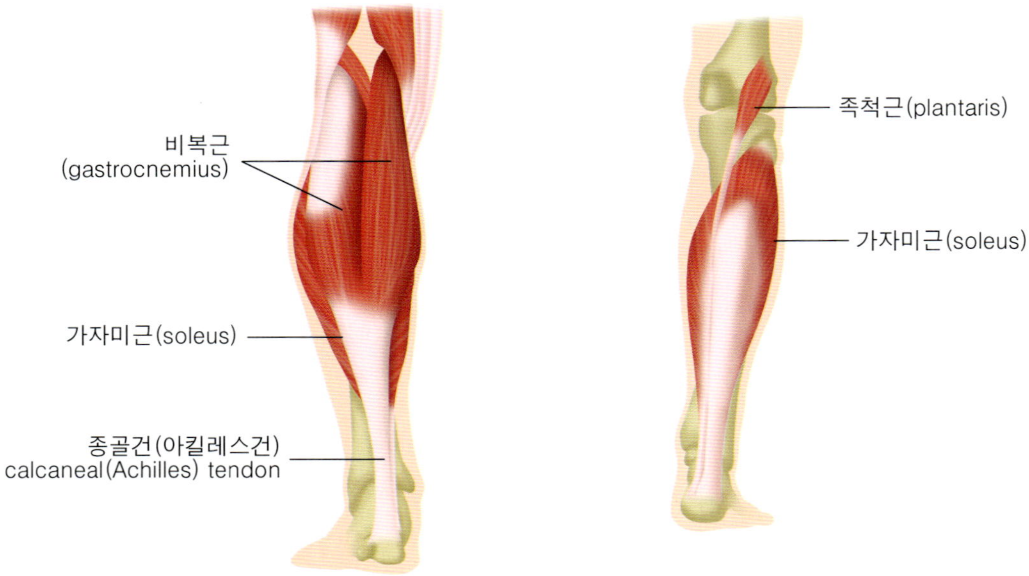
비복근
(gastrocnemius)
가자미근(soleus)
종골건(아킬레스건)
calcaneal(Achilles) tendon
족척근(plantaris)
가자미근(soleus)

그림 2-3. 하퇴후면 근육

### (4) 기법

[클린징 & 정리정돈]

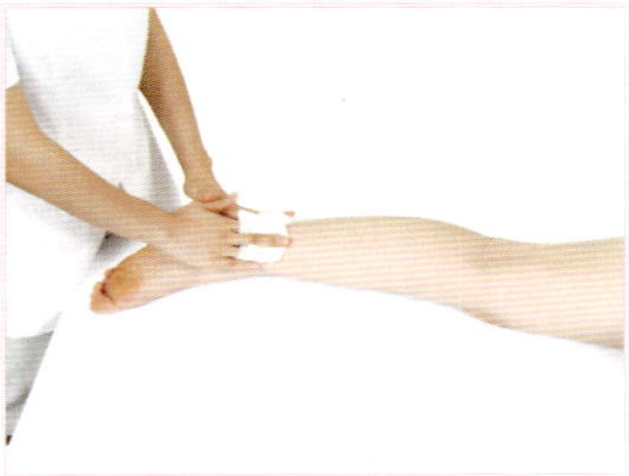
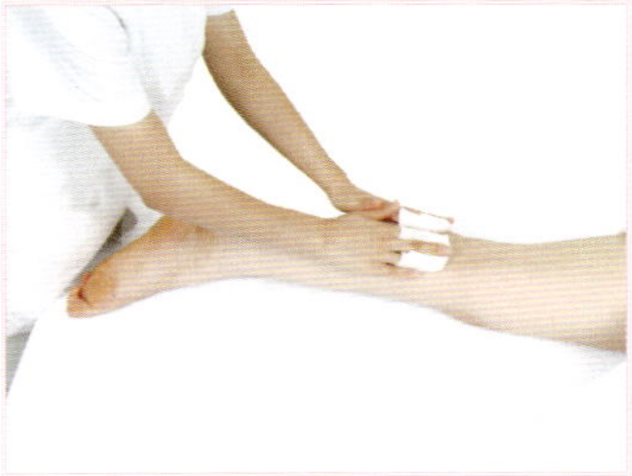
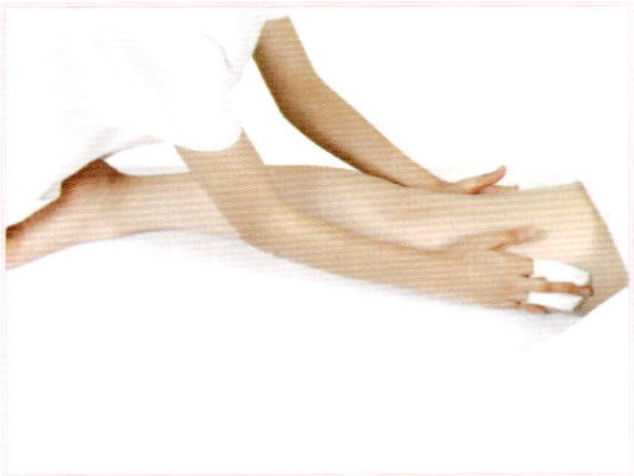
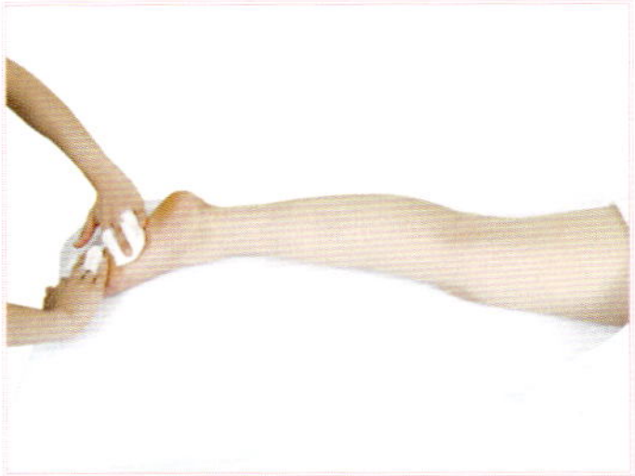

[매뉴얼 테크닉]

① 오일도포 후 전체 쓰다듬기($f_1 \sim f_5$)

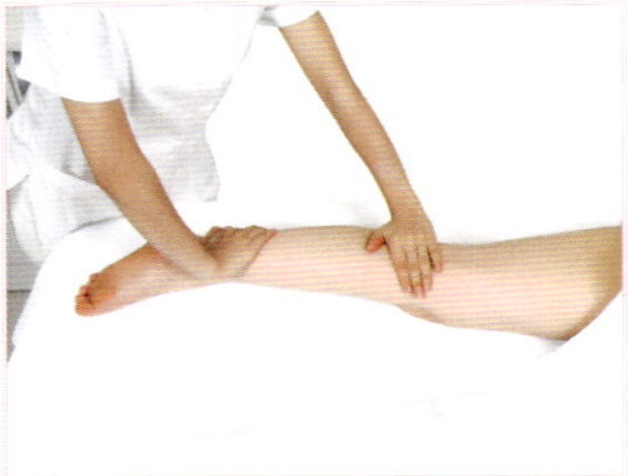
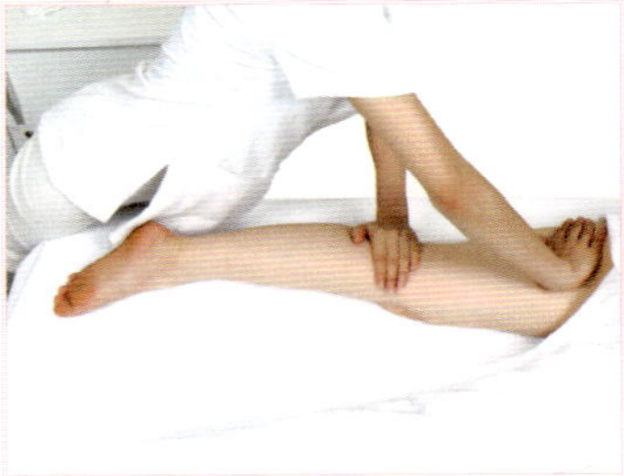
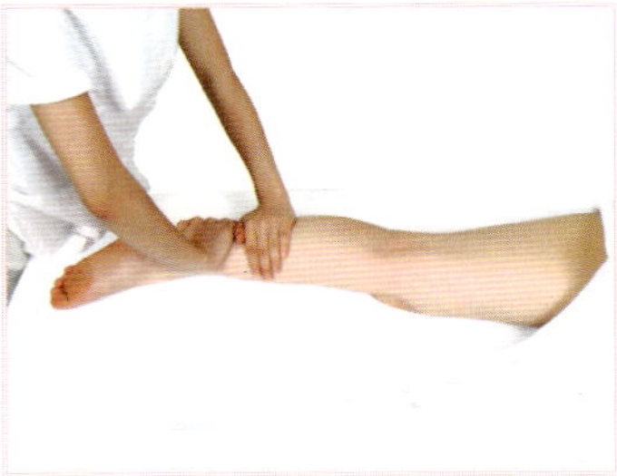
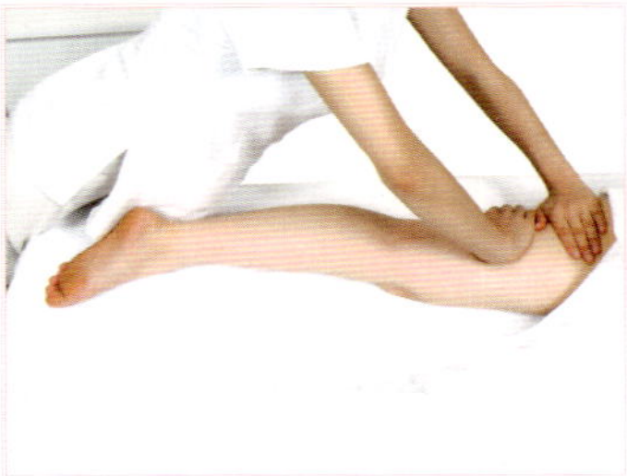
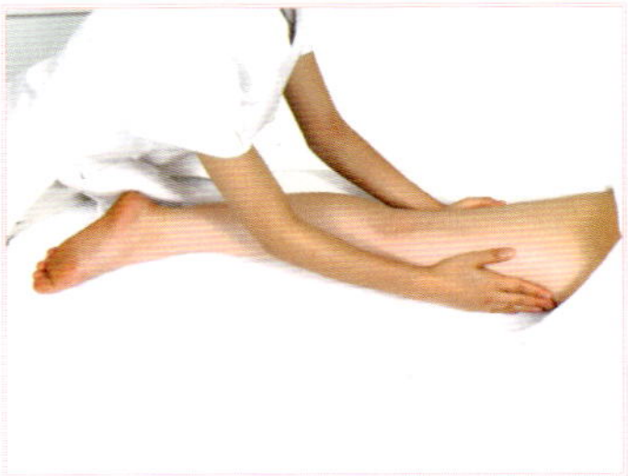

② 양손 깍지 끼고 전체 쓰다듬기($f_1$~$f_5$)

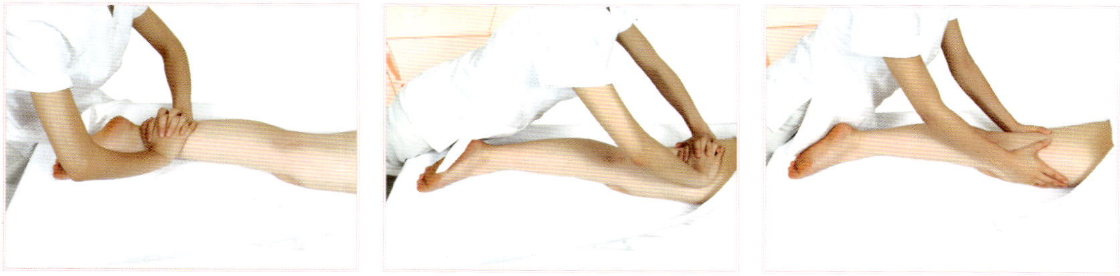

③ 발뒤꿈치를 양손 교대로 떨어주며 회전하기

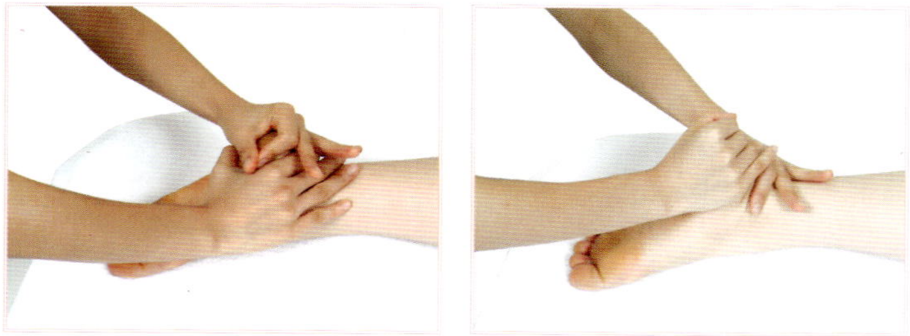

④ 수근을 이용하여 발바닥을 강하게 마찰하기

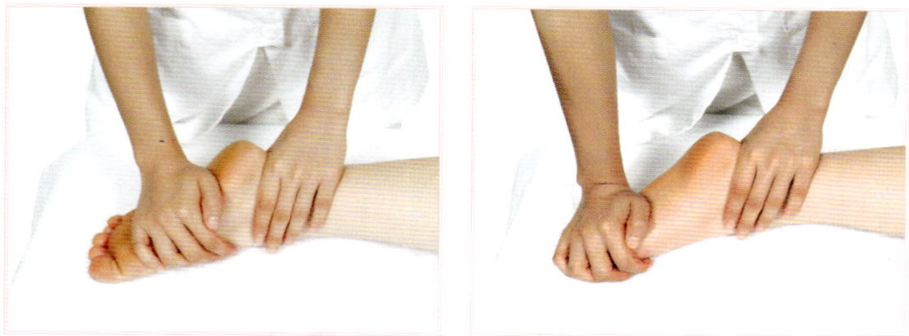

⑤ 지과면을 이용하여 발바닥 마찰하기

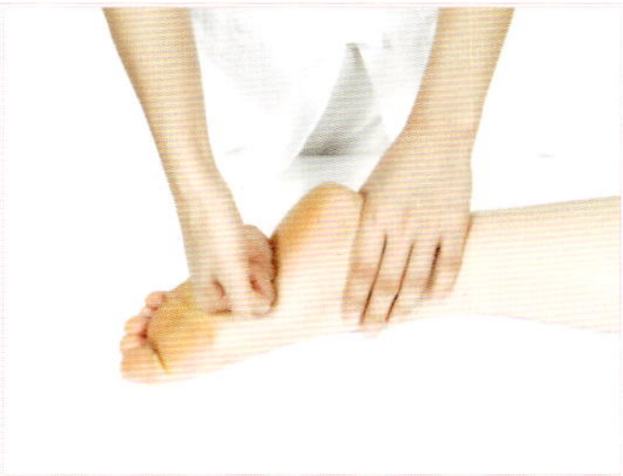

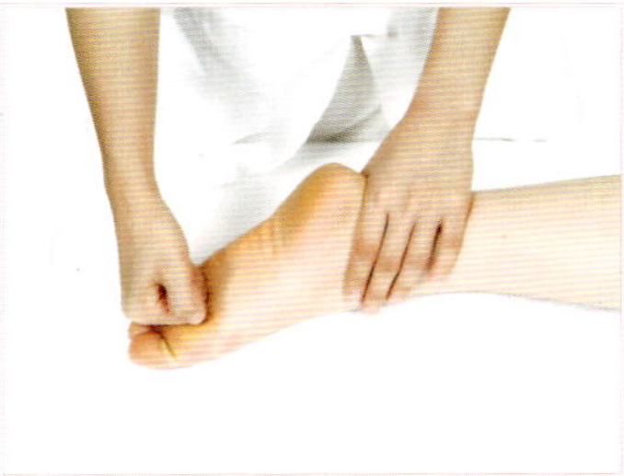

⑥ 용천부위 눌러주기

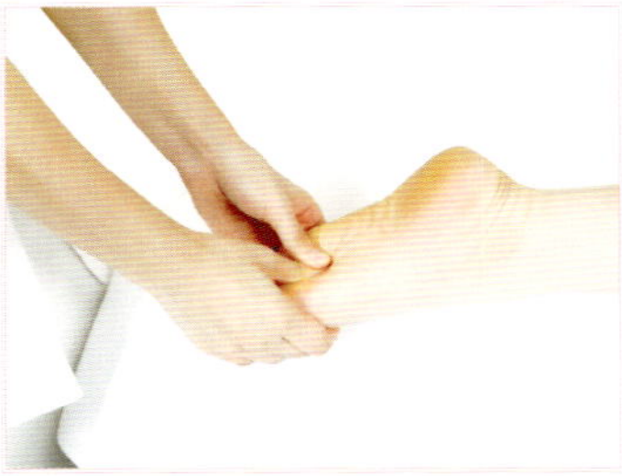

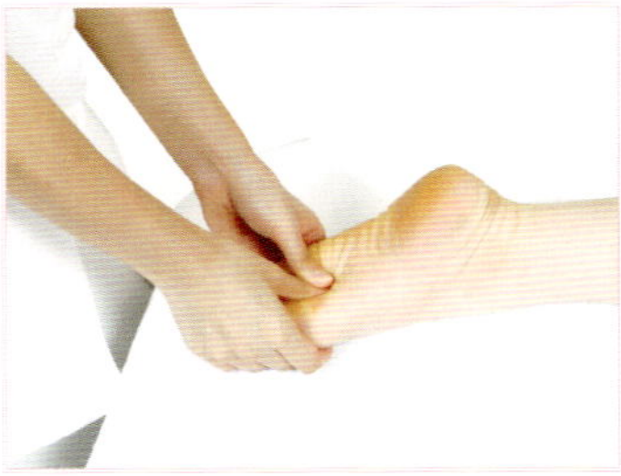

⑦ 복숭아뼈를 중심으로 둥글게 굴려주기($f_2$~$f_5$)

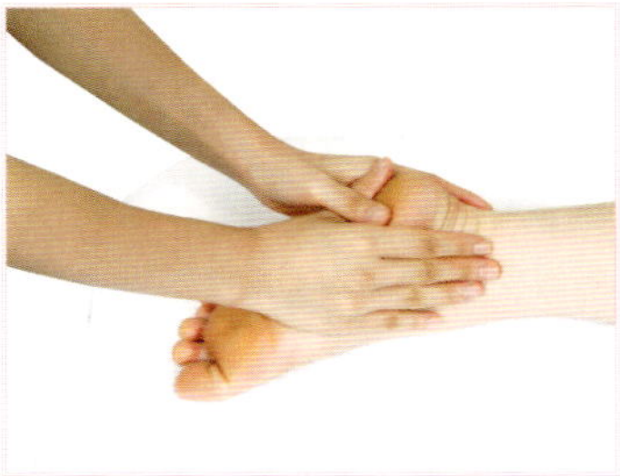

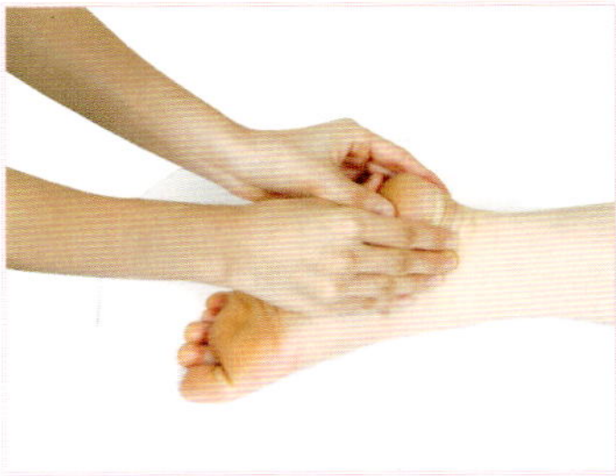

※ 원 굴려주는 방향은 위·아래 모두 가능

⑧ 전체 쓰다듬기($f_1$~$f_5$)

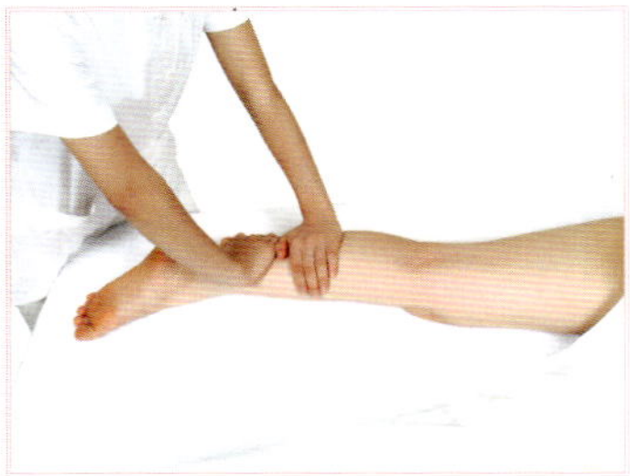
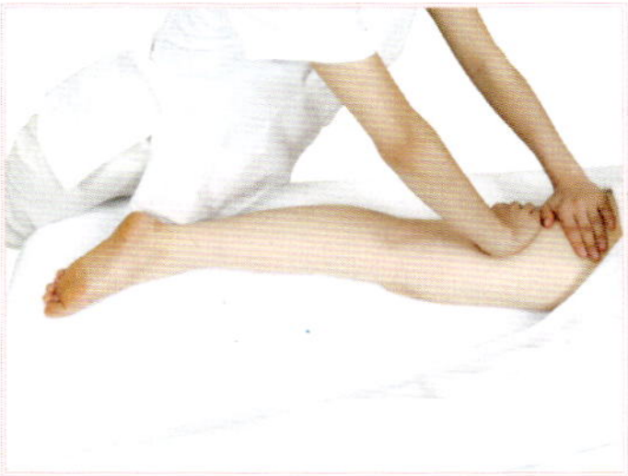
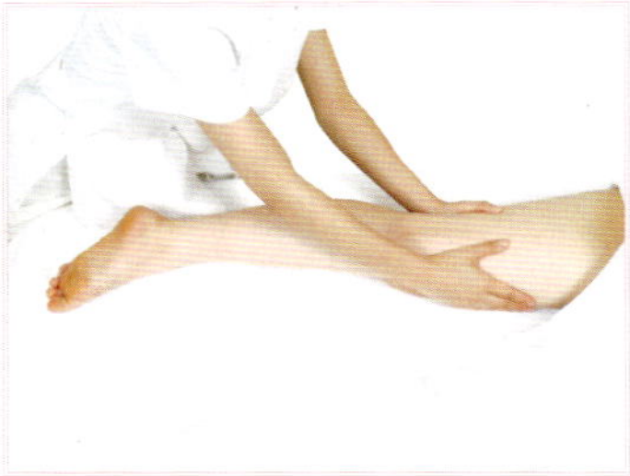

※ 대퇴부위는 여러번 반복하여 강하게 굴려줌

⑨ 발목에서 슬와부위까지 교대로 펴올리기($f_1$~$f_5$)

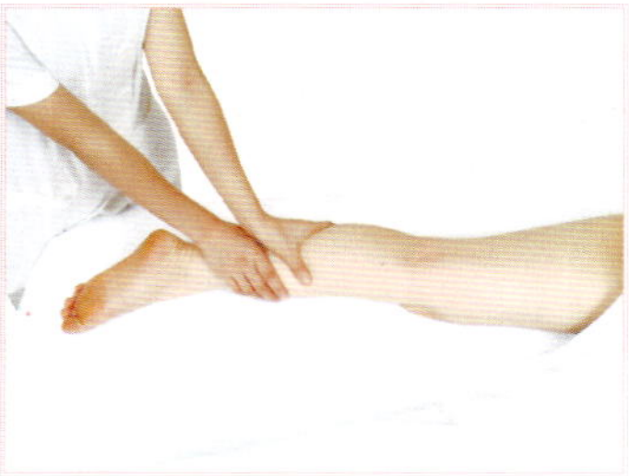
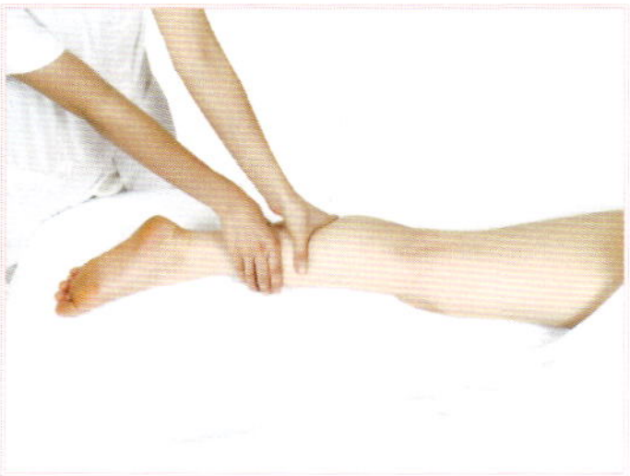

⑩ 발목에서 슬와부위까지 양 손을 교대로 이용해 부채모양으로 마찰하기(양 엄지)

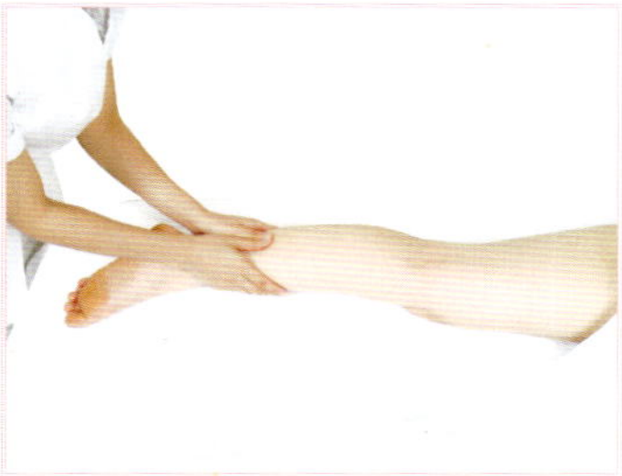
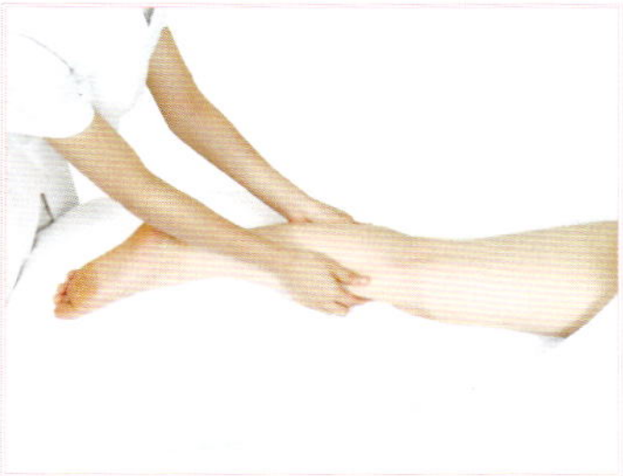

⑪ 슬와부위까지 엄지로 2부위 나눈 후 수근으로 쓸어 내려오기

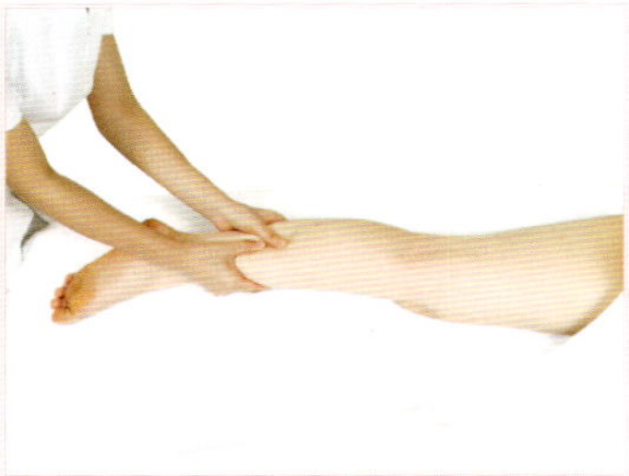
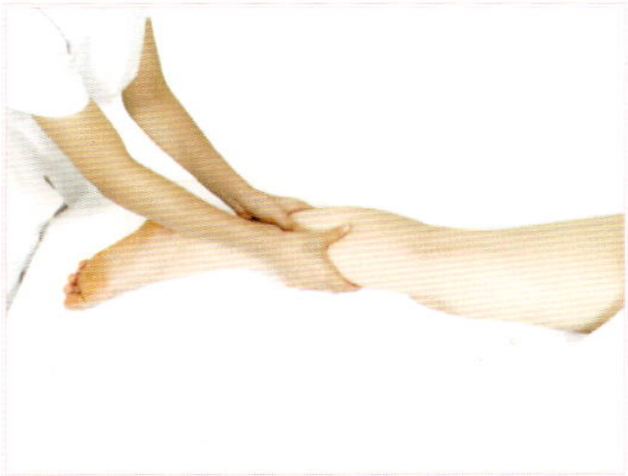

⑫ 대토후면 교대로 펴올리기($f_1$~$f_5$)

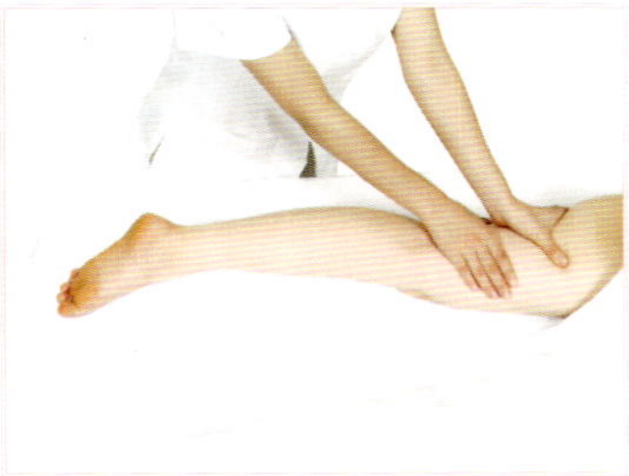
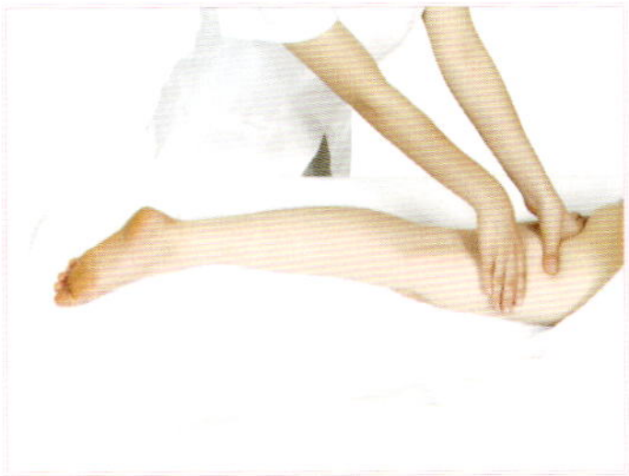

⑬ 대퇴후면 양손을 교대로 이용해 부채모양으로 마찰하기

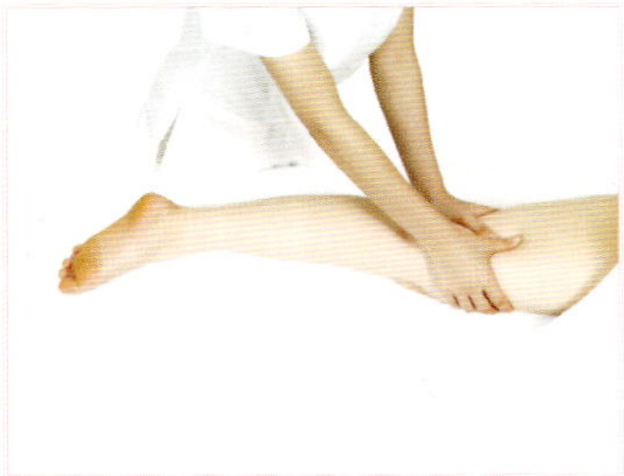
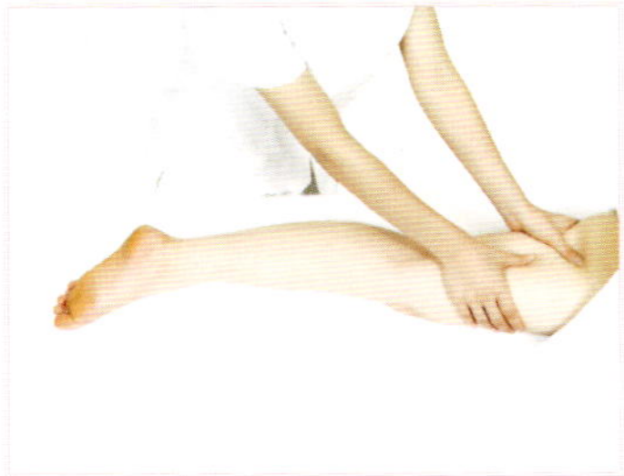

⑭ 대퇴후면 엄지로 3부위 나눈 후 수근으로 쓸어 내려오기

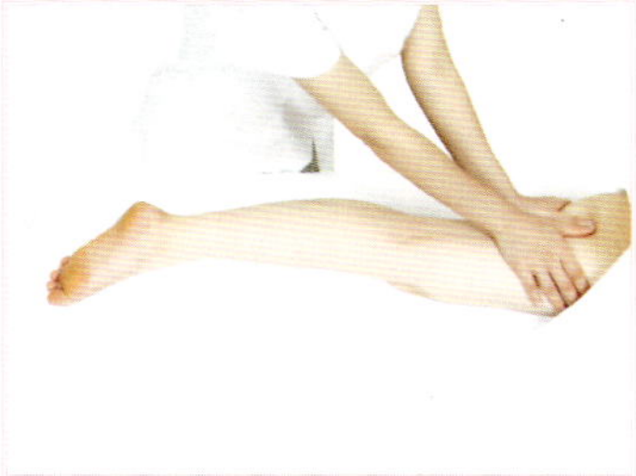

⑮ 다리전체 반죽하기($f_1 \sim f_5$)

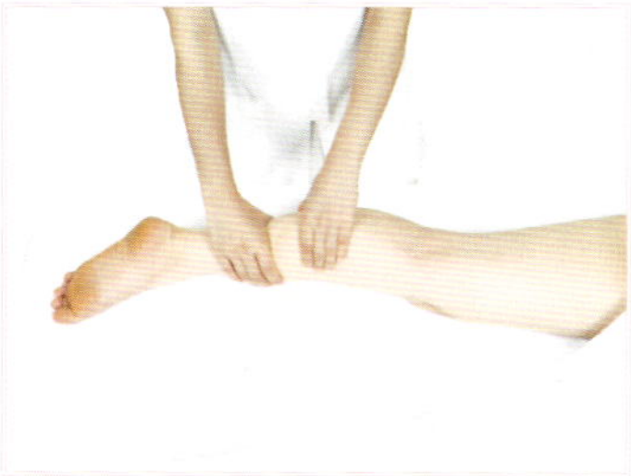
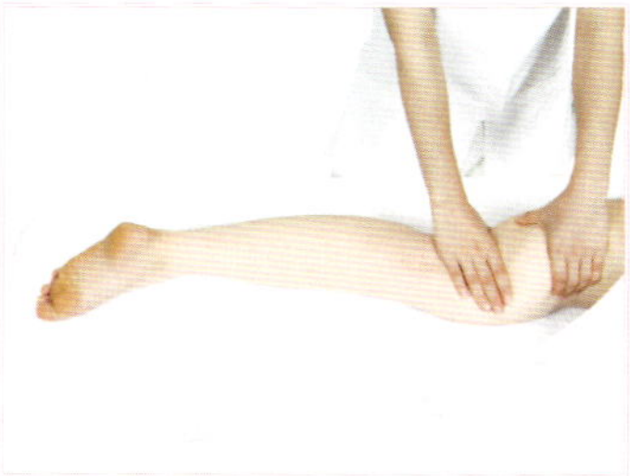

※ 다리 내측, 중앙, 외측 3부위로 나누어 반죽하기

⑯ 다리전체 집어주기($f_1$, $f_3$, $f_4$)

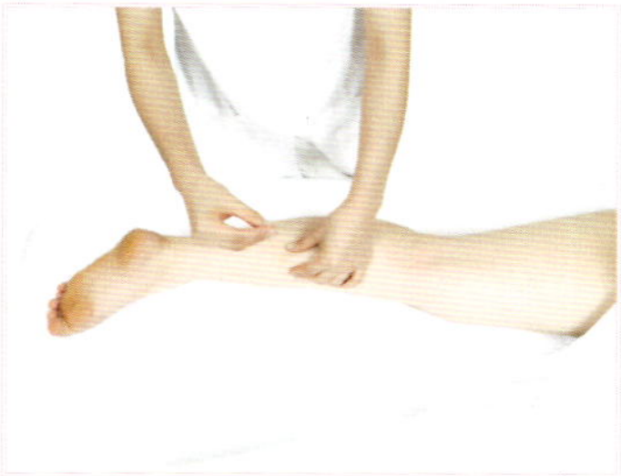
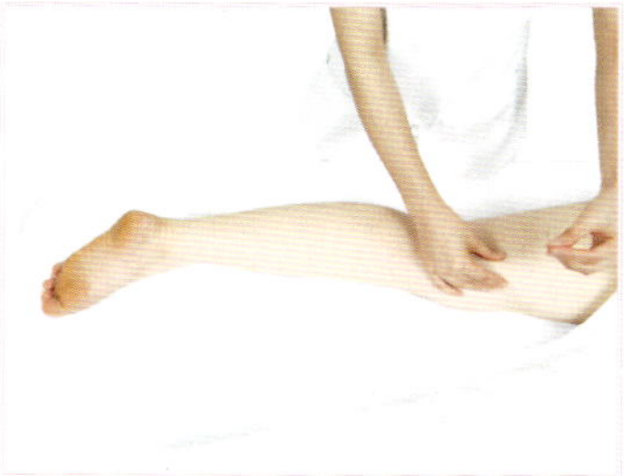

※ 다리 내측, 중앙, 외측 3부위로 나누어 집어주기

⑰ 다리전체 두드리기($f_1$~$f_5$)

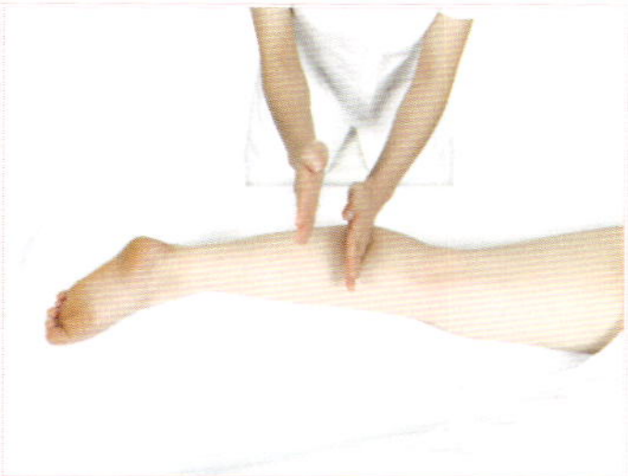

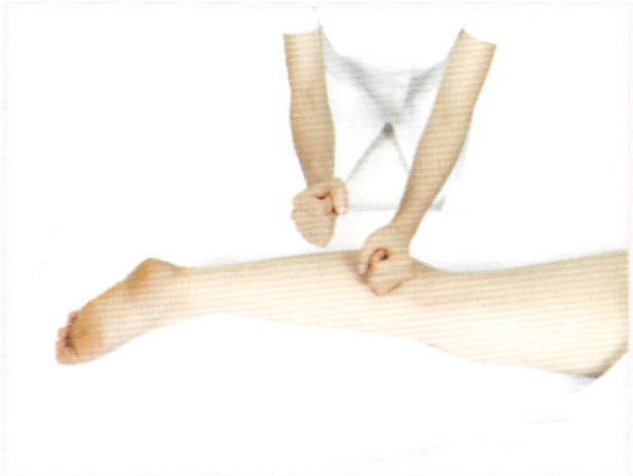

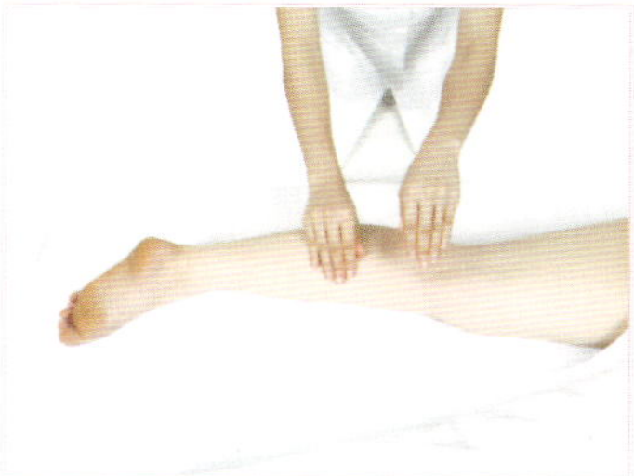

※ 해킹, 비팅, 커핑은 가능한 한 소리가 나지 않게 경쾌하고 리드미컬하게 하고 특히 대퇴후면을 집중적으로 관리하기

⑱ 다리전체 진동하기($f_1$~$f_5$)

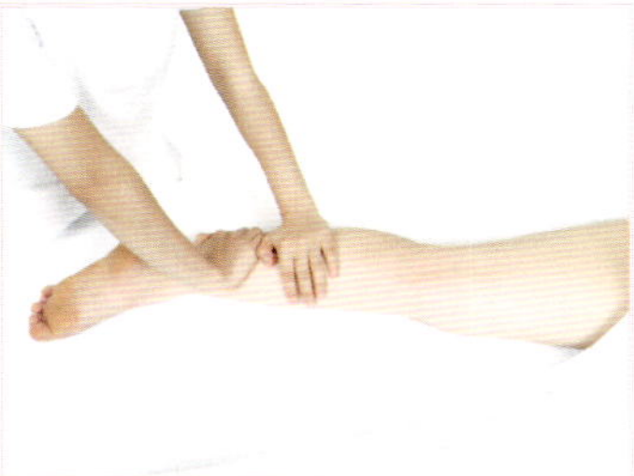

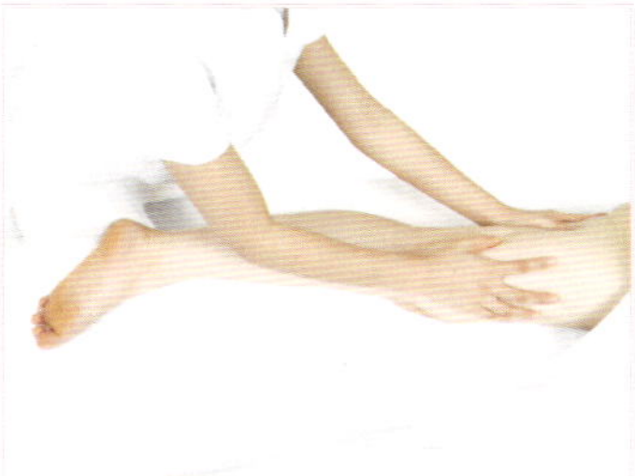

※ 손가락에 힘을 빼고 진동해주기

⑲ 슬관절 시계 방향, 반시계 방향 회전하기($f_1$~$f_5$)

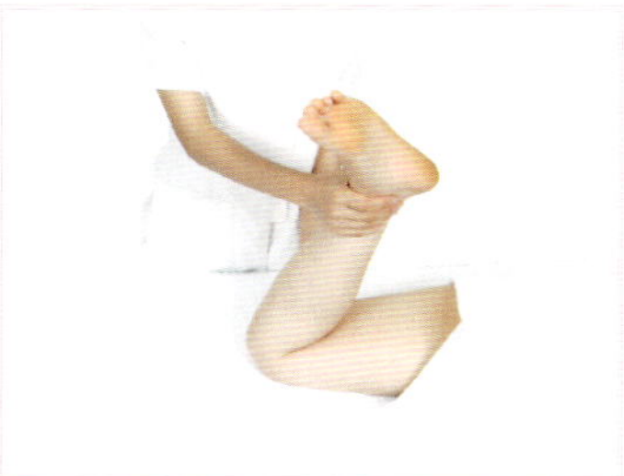

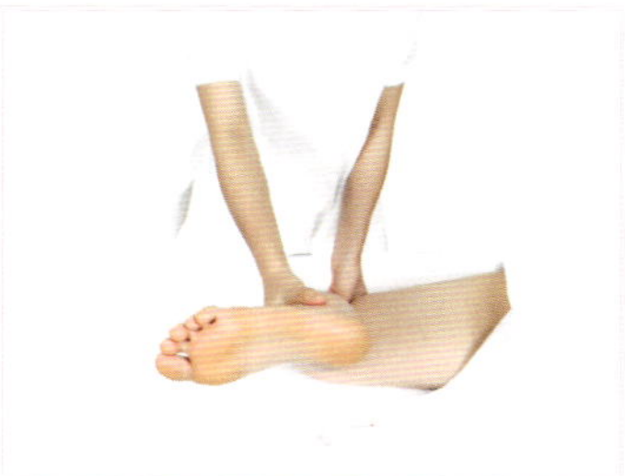

⑳ 한 손은 발목을 잡고 다른 손은 발바닥 아치부위를 잡고 시계 방향, 반시계 방향으로 회전하기($f_1$~$f_5$)

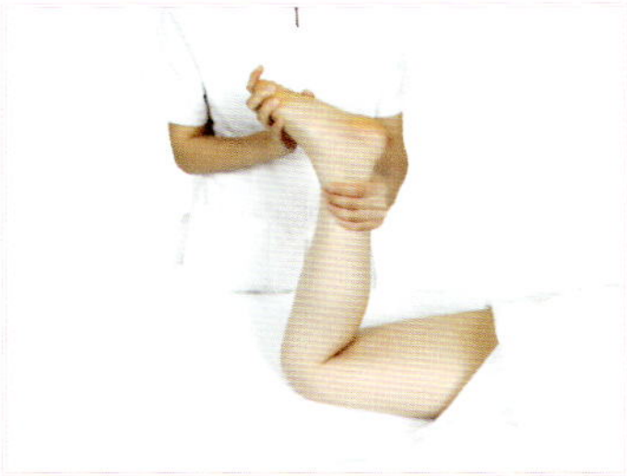

㉑ 발목잡고 발등, 발바닥 스트레칭 하기($f_1$~$f_5$)

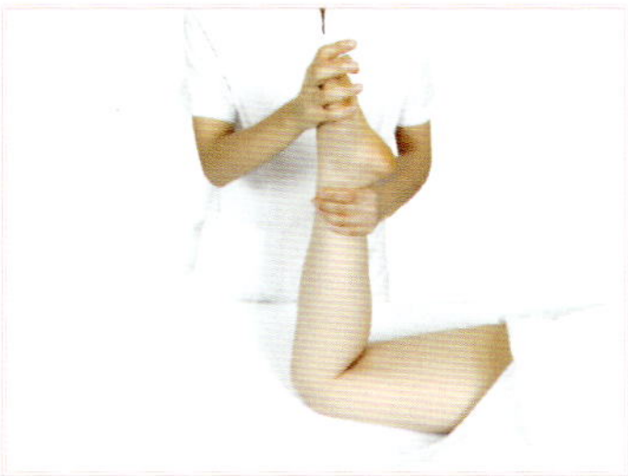
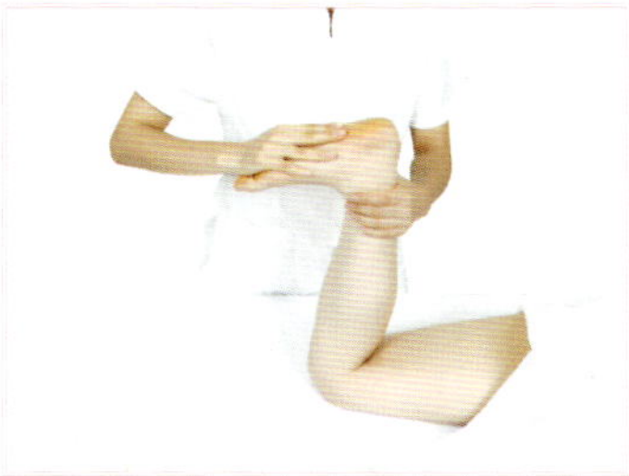

㉒ 중앙, 안쪽, 바깥쪽으로 다리 접어주기($f_1$~$f_5$)

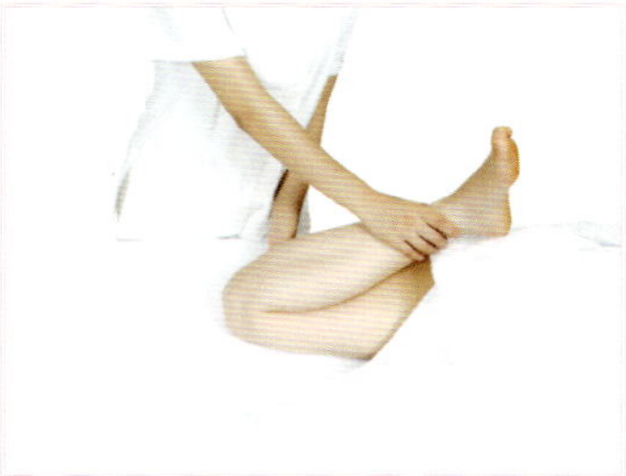

※ 다리 접어주는 각도 15° 이상 벗어나지 않게 하고 큰 각도로 꺾을 경우 무리가 올 수 있으므로 주의하기, 각 동작 접기마다 이완을 시켜 줌.

㉓ 다리전체 쓰다듬기($f_1$~$f_5$)

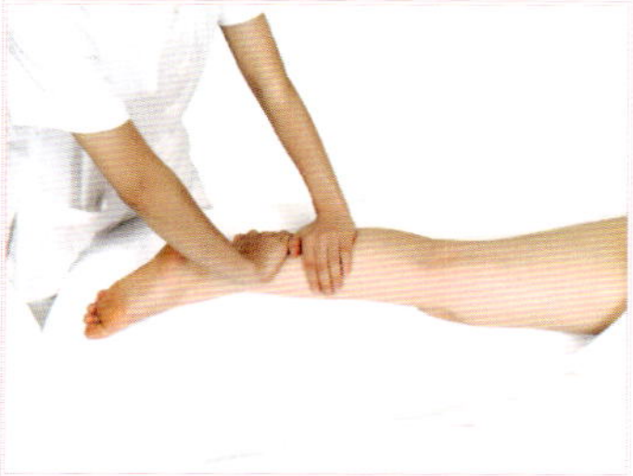

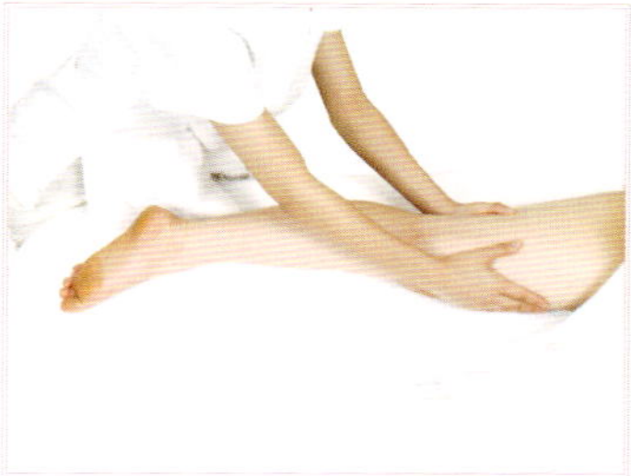

※ 대퇴부위는 여러번 반복하여 강하게 굴려주기

## (5) 유의사항

- 관리 시 오일이나 크림이 주변에 묻지 않도록 함
- 시술 후 마무리 관리 시 이동할 때에는 노출된 부위를 타월로 덮어둠
- 마찰을 줄이기 위해 사용하는 제품은 알맞은 양을 사용
- 손과 팔의 힘으로만 관리하지 말고 체중을 실어 관리사의 피로를 최소화함

## 3) 다리앞면 관리

### (1) 목적 및 효과

- 신체 각 기관의 기능을 활성화
- 초과 잉여지방조직으로 인한 셀룰라이트 형성 예방 및 완화
- 혈액순환 촉진 및 피로와 스트레스 완화

### (2) 유의사항

- 시술하지 않는 부위는 타월로 덮어둠
- 발가락 끝 부분까지 관리함
- 슬개골(무릎뼈)부위에 강한 압을 가하지 않도록 함

### (3) 해부학적 구조

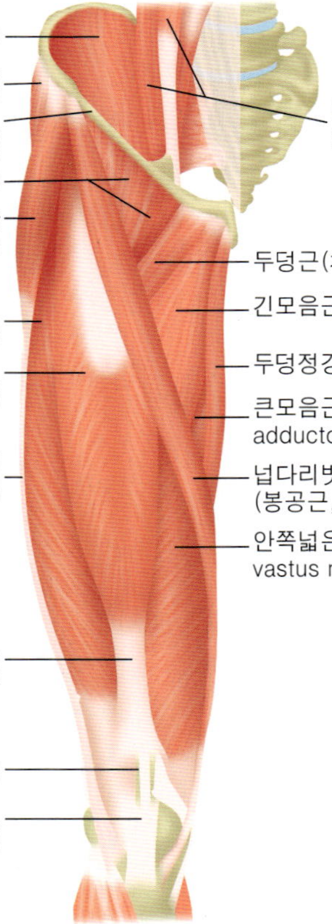


그림 2-4. 대퇴전면 근육

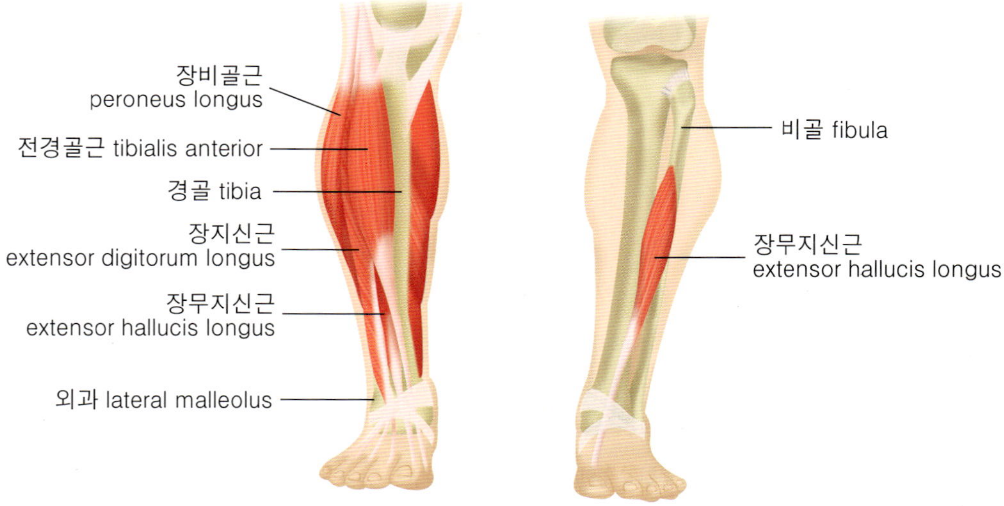
장비골근
peroneus longus
전경골근 tibialis anterior
경골 tibia
장지신근
extensor digitorum longus
장무지신근
extensor hallucis longus
외과 lateral malleolus
비골 fibula
장무지신근
extensor hallucis longus

그림 2-5. 하퇴전면 근육

## (4) 기법

[클린징 & 피부정돈]

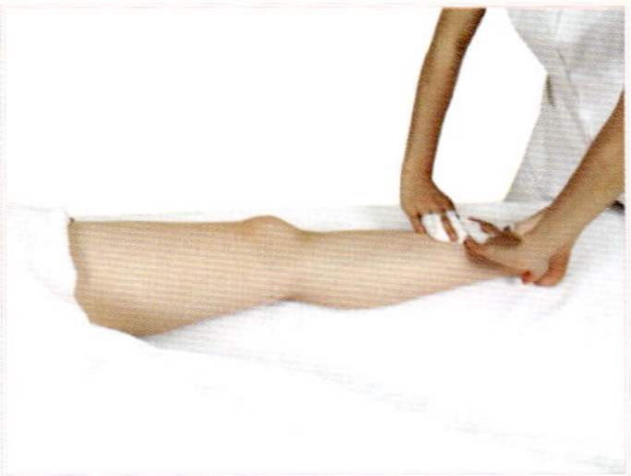
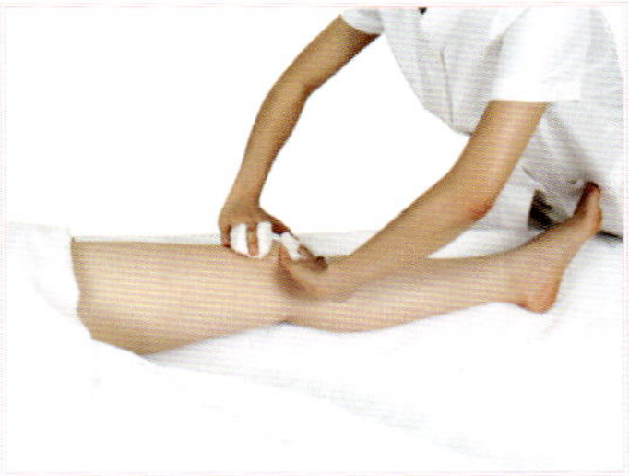
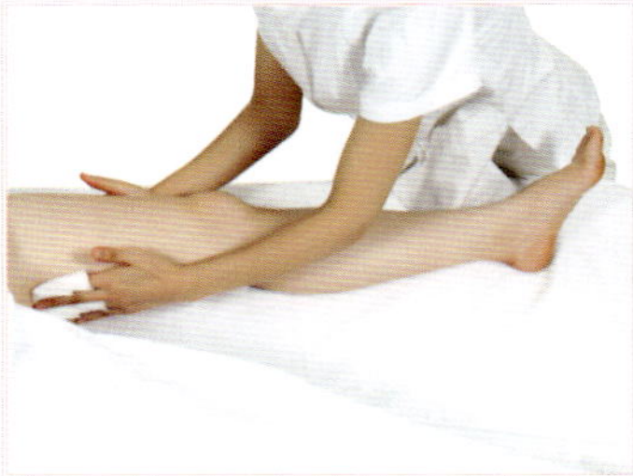
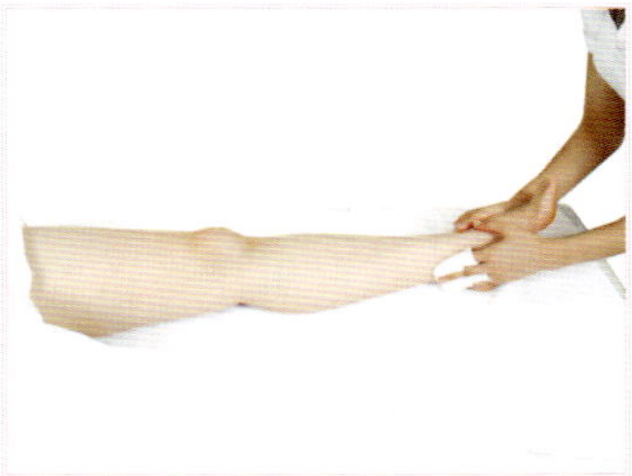

[매뉴얼테크닉]

① 오일도포 후 전체 쓰다듬기($f_1$~$f_5$)

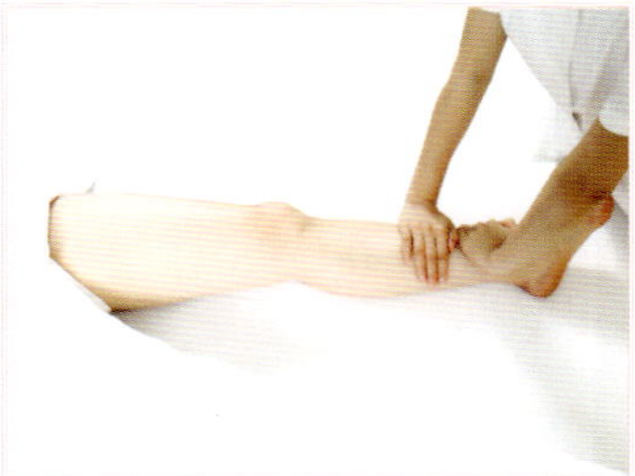
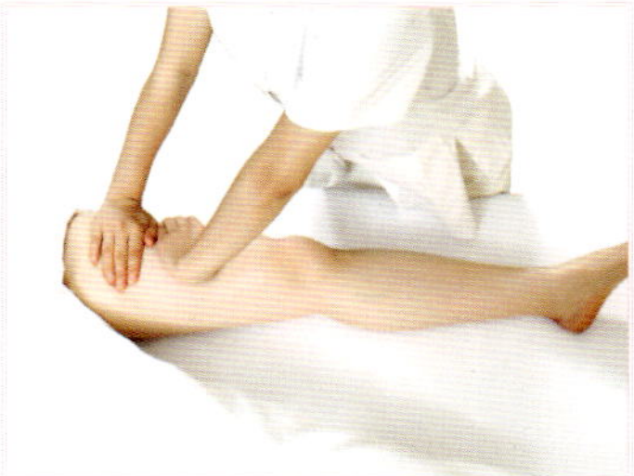
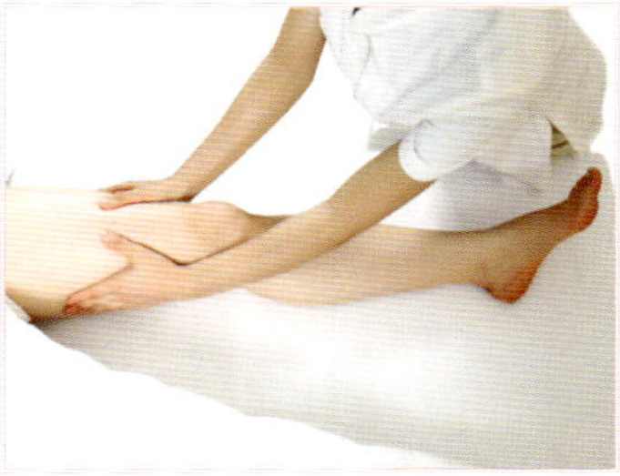

② 양손 깍지끼고 전체 쓰다듬기($f_1$~$f_5$)

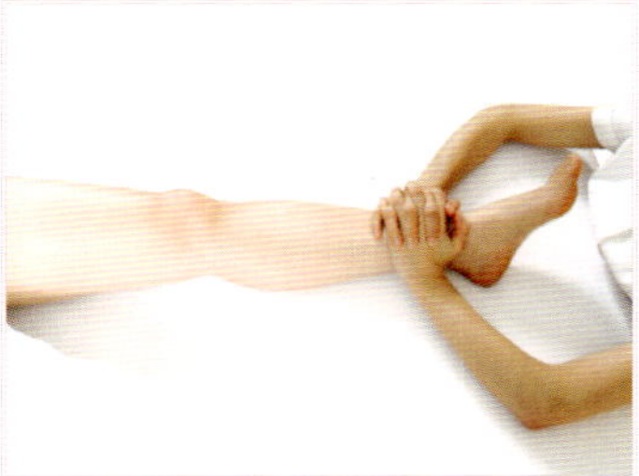
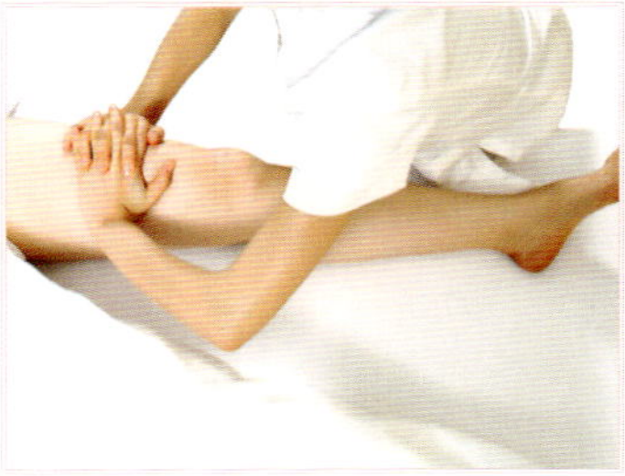

③ 발등과 발바닥 쓰다듬기($f_1$~$f_5$)

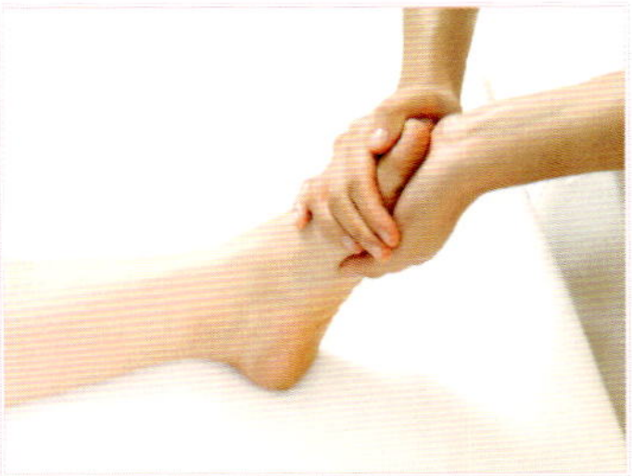

④ 내측·외측 감싸고 쓰다듬기($f_1$~$f_5$)

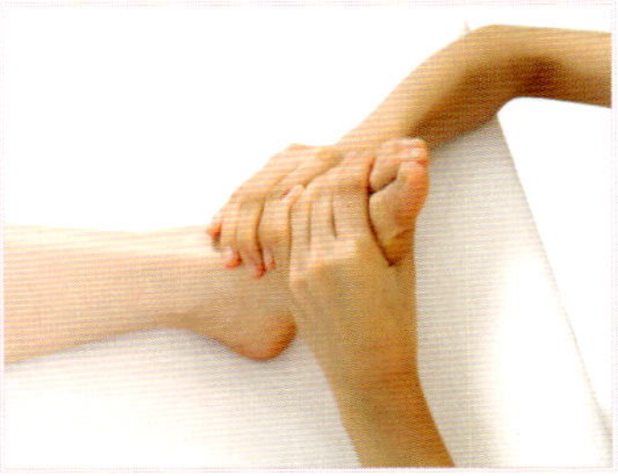
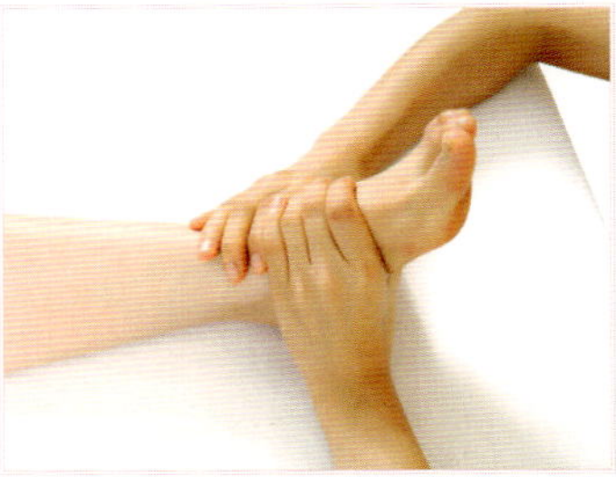

⑤ 용천부위 눌러주기(양 엄지)

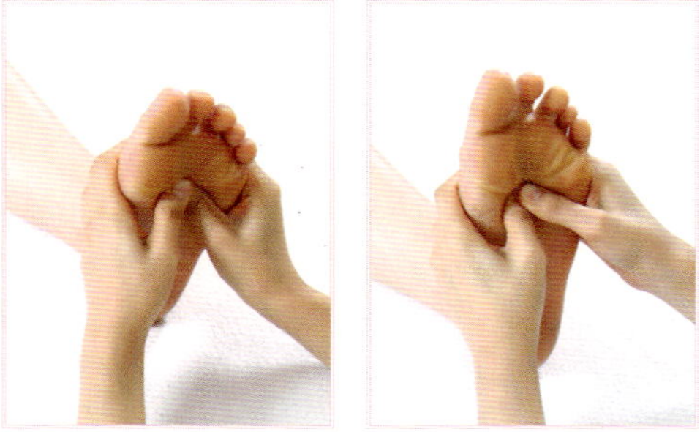

⑥ 발가락 5~1순서로 당겨주기($f_2$~$f_3$)

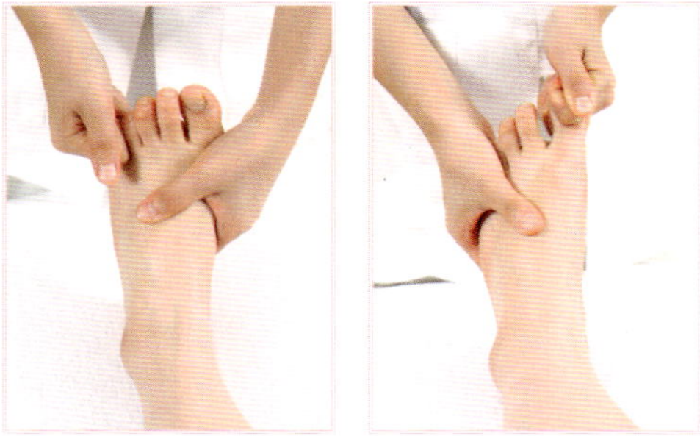

⑦ 발가락 나선형으로 굴려주기($f_1$~$f_2$)

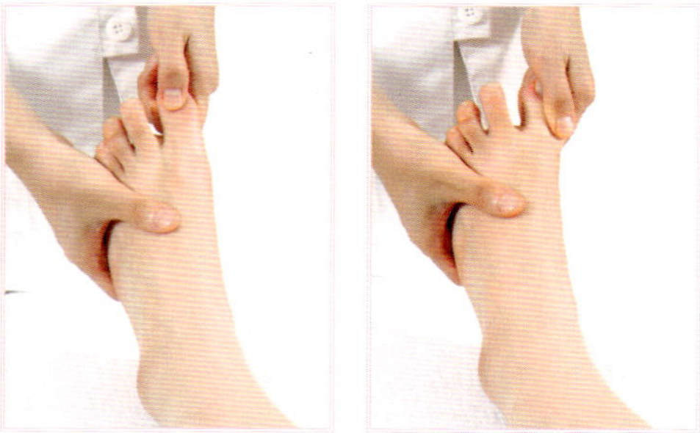

⑧ 중족골 사이사이 나선형으로 굴려주기(양 엄지)

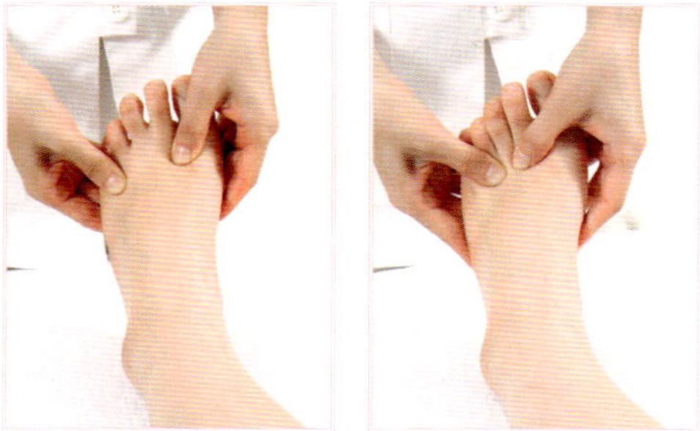

⑨ 복숭아뼈를 중심으로 둥글게 굴려주기($f_1$, $f_2$~$f_5$)

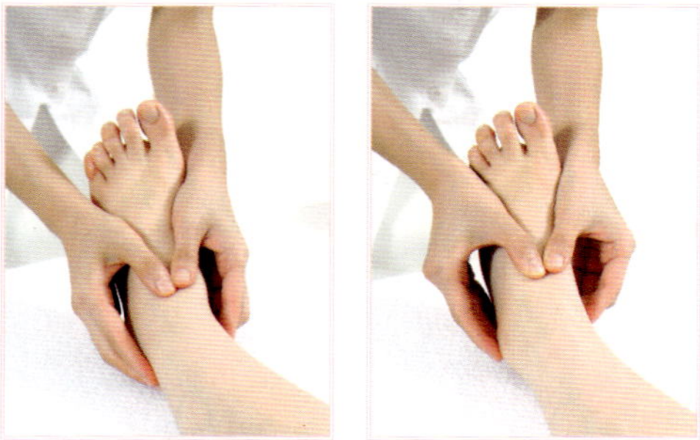

⑩ 전체 쓰다듬기($f_1 \sim f_5$)

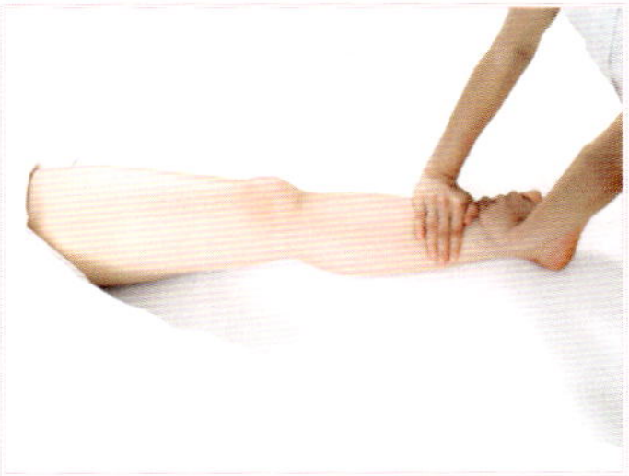
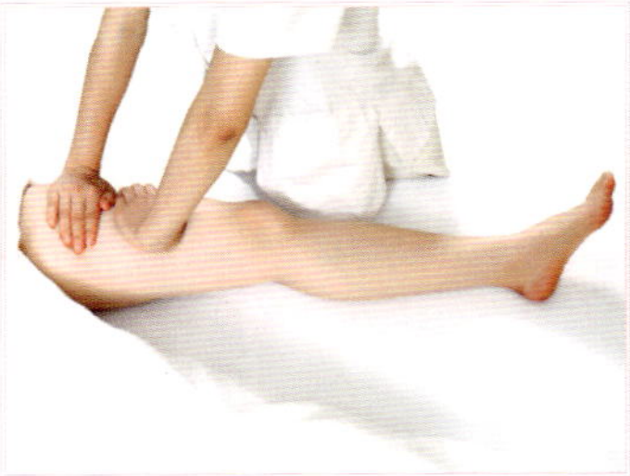
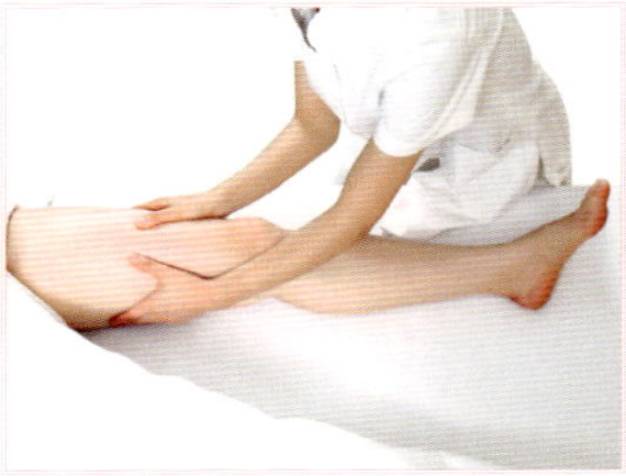

※ 대퇴 외측부위는 여러번 반복하여 강하게 굴려주기

⑪ 발목에서 무릎까지 교대로 퍼올리기($f_1 \sim f_5$)

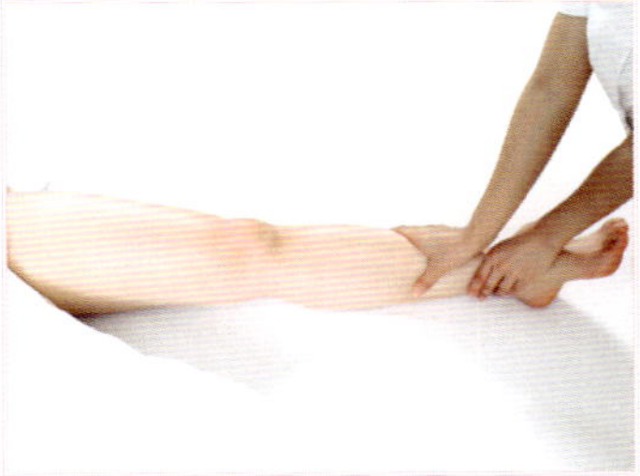
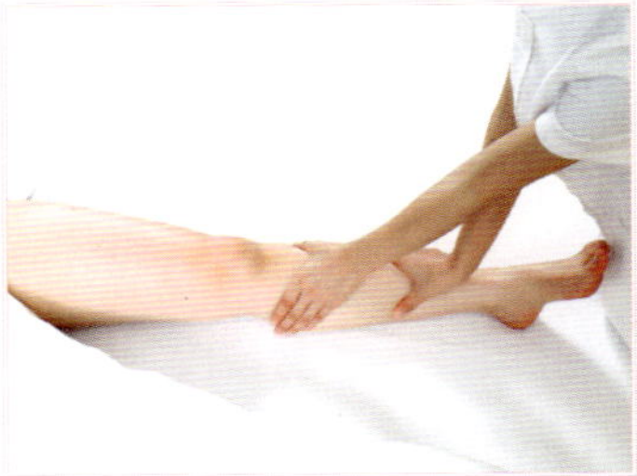

⑫ 발목에서 무릎까지 양손을 이용해 교대로 부채모양 마찰하기(양 엄지)

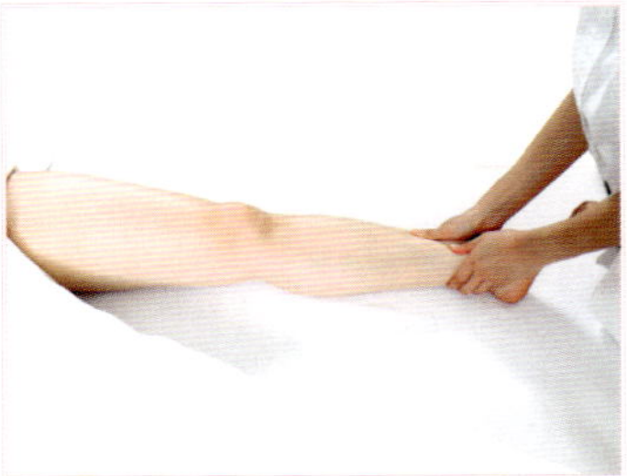
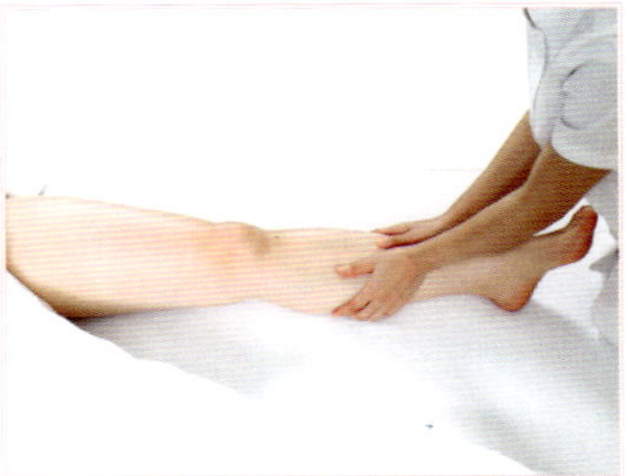

⑬ 발목에서 무릎까지 경골 옆라인, 비골 옆라인 쓸어 올린 후 엄지로 양방향 쪼개어 쓸어 내리기

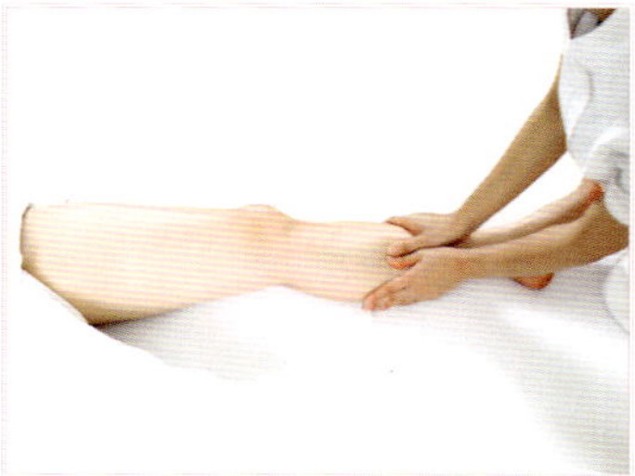
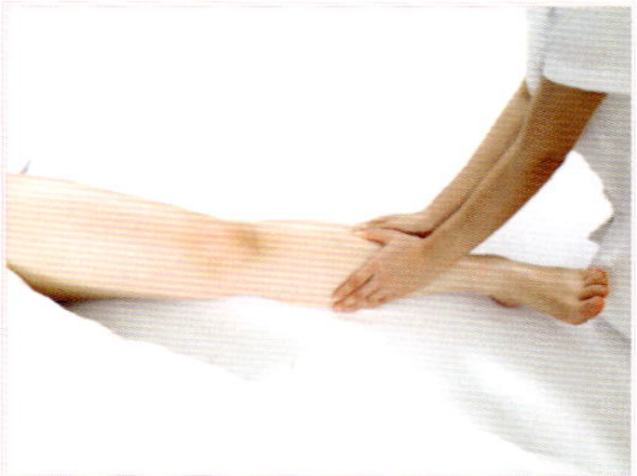

⑭ 무릎부위 양손 교대로 떨어주며 회전하기

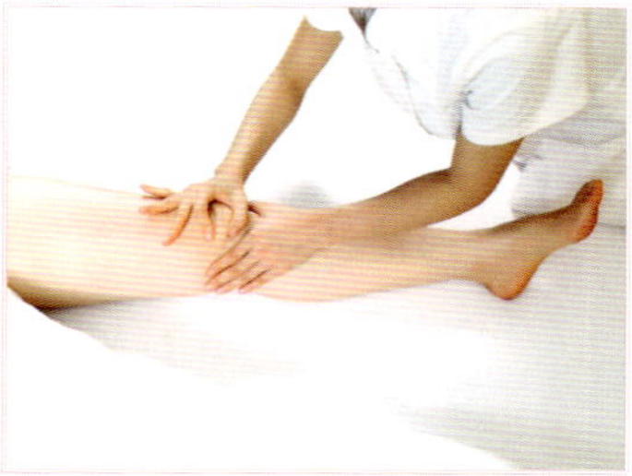
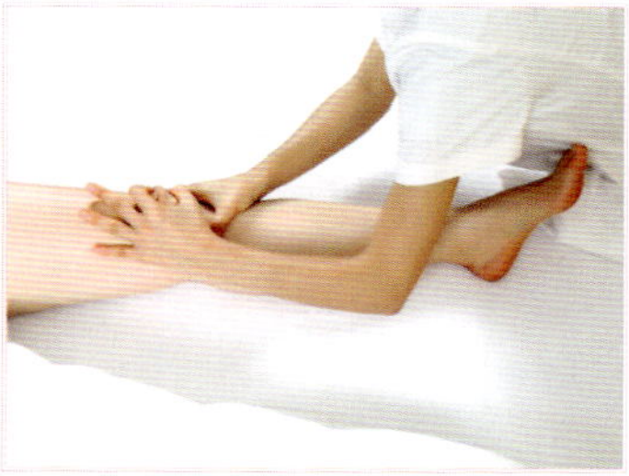

⑮ 무릎부위 반원 그리듯이 굴려주기($f_1$, $f_2$~$f_5$)

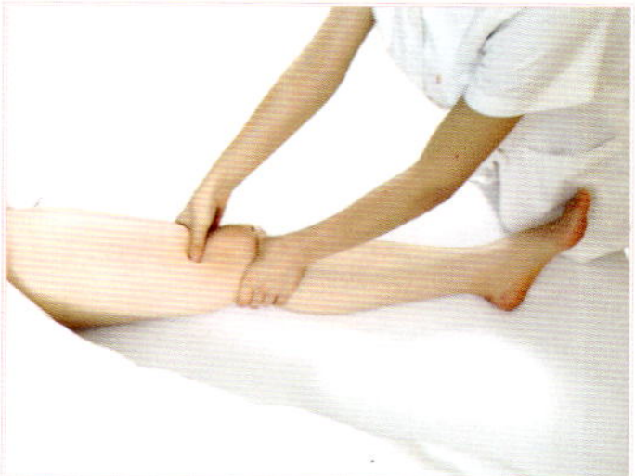
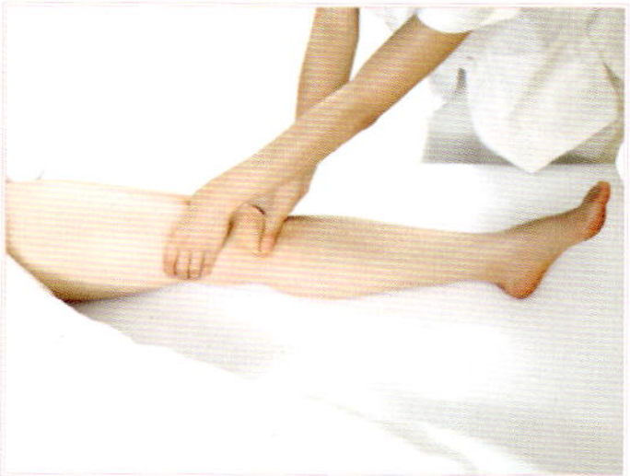

⑯ 대퇴전면 교대로 펴올리기($f_1$~$f_5$)

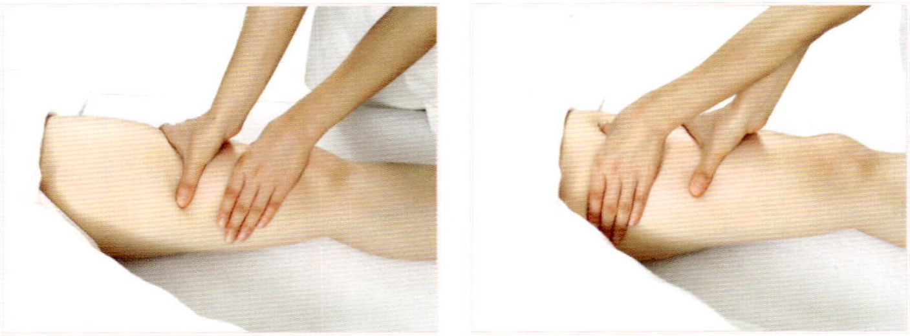

⑰ 대퇴전면 양 손 이용해 교대로 부채모양 마찰하기(양 엄지)

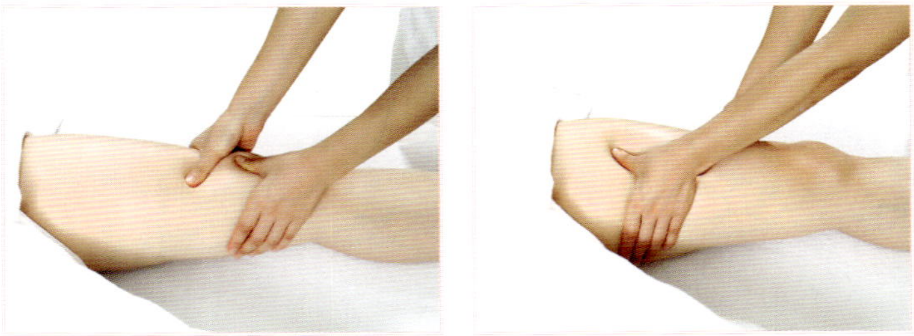

⑱ 대퇴전면 엄지로 3부위 나눈 후 수근으로 쓸어 내리기

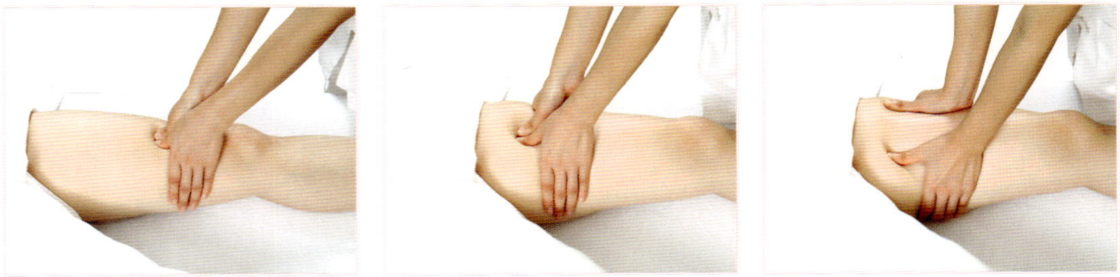

⑲ 다리 전체 반죽하기($f_1$~$f_5$)

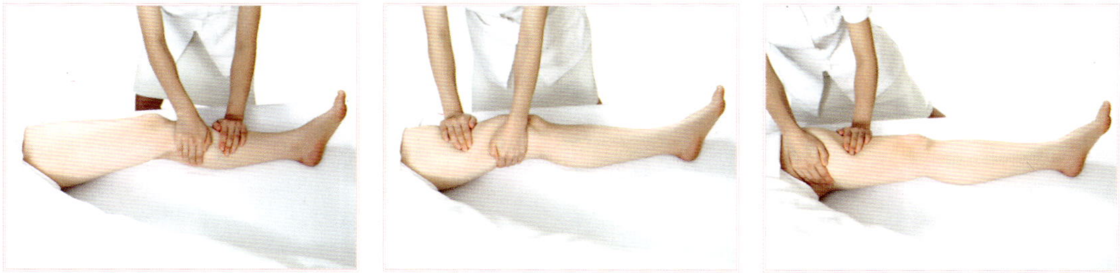

⑳ 다리 전체 집어주기(f1, f3~f4)

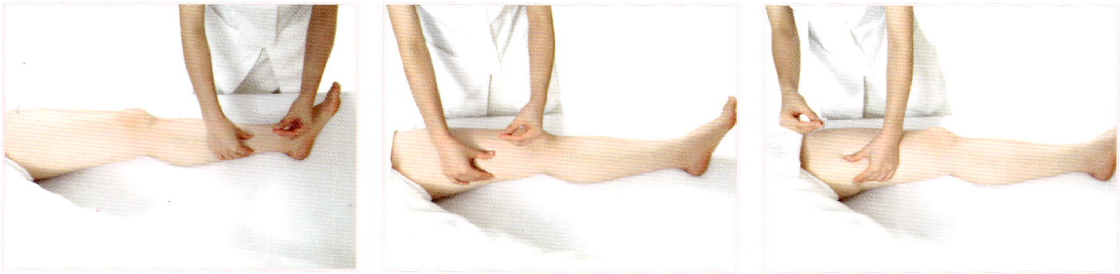

㉑ 다리 전체 두드리기($f_1$~$f_5$)

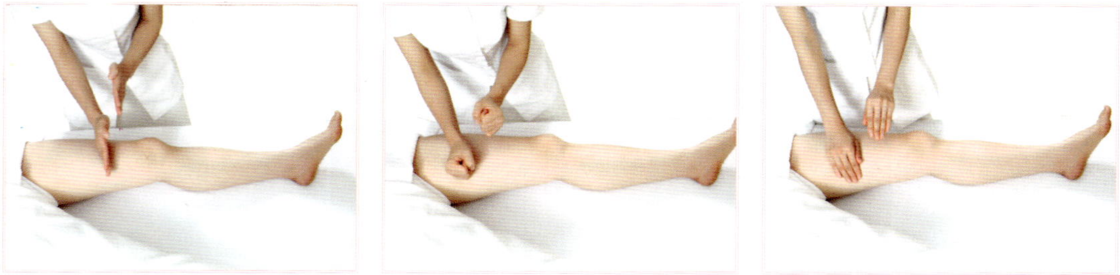

※ 다리 내측, 중앙, 외측 3부위로 나누어 집어주기

㉒ 다리 전체 진동하기($f_1$~$f_5$)

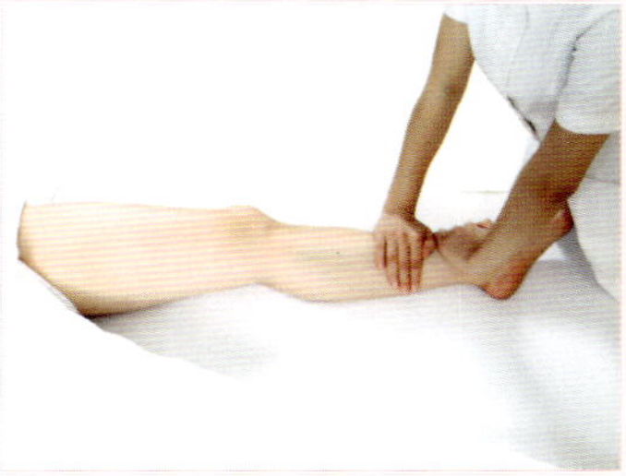
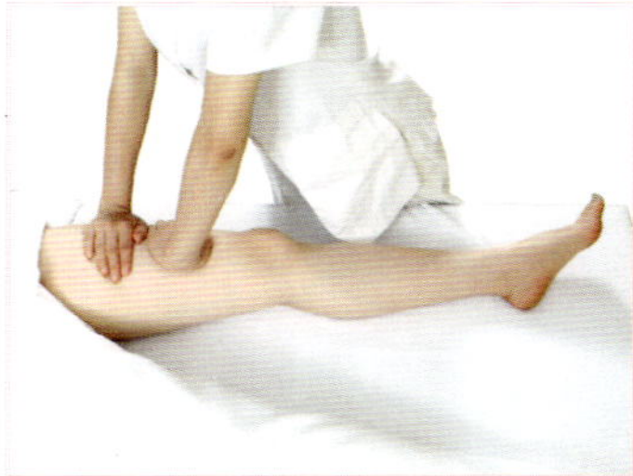
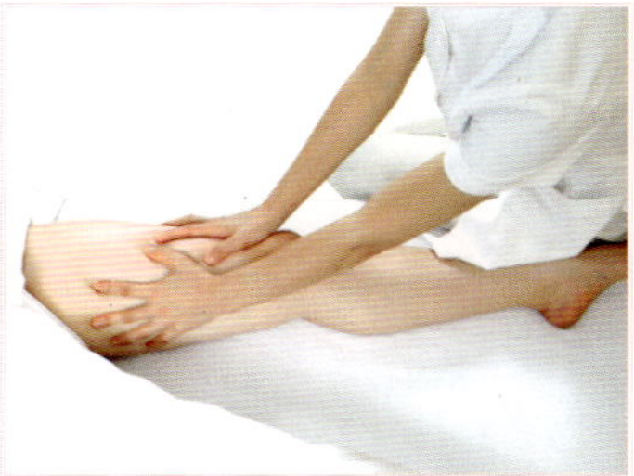

※ 해킹, 비팅, 커핑은 가능한 한 소리가 나지 않게 경쾌하고 리드미컬하게 하기.
특히 대퇴후면을 집중적으로 관리해주기

㉓ 다리 전체 쓰다듬기($f_1$~$f_5$)

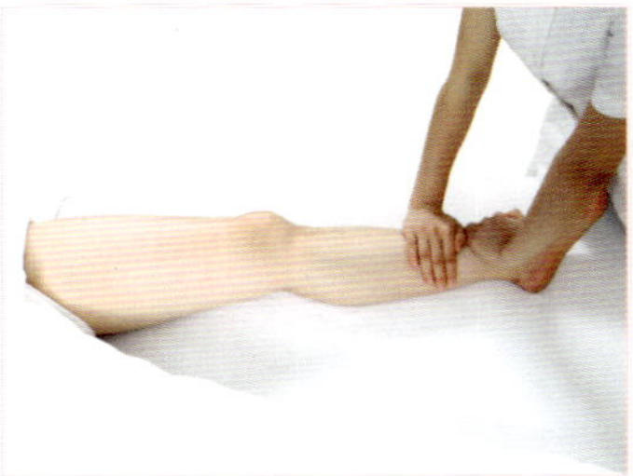
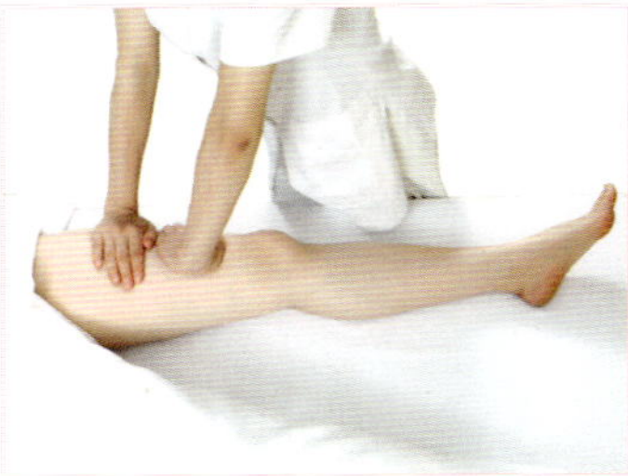
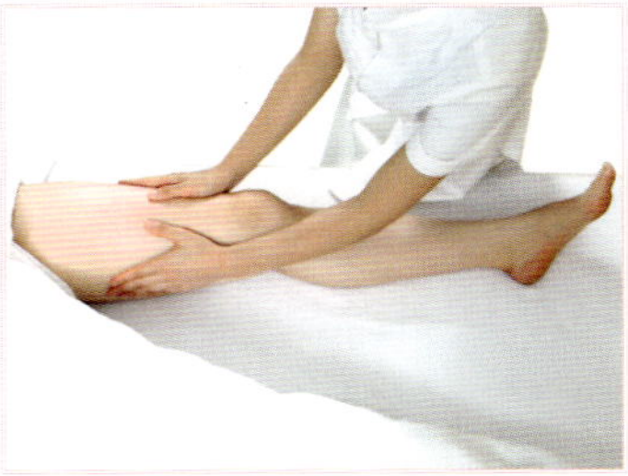

## (5) 유의사항

- 관리 시 오일이나 크림이 주변에 묻지 않도록 함
- 시술 후 마무리 관리 시 이동할 때에는 노출된 부위를 타월로 덮어둠
- 마찰을 줄이기 위해 사용하는 제품은 알맞은 양을 사용
- 손과 팔의 힘으로만 관리하지 말고 체중을 실어 관리사의 피로를 최소화함

## 4) 복부 관리

### (1) 목적 및 효과

· 주요 장부가 위치해 있으므로 강한 압을 가하지 않도록 함
· 축적된 체지방, 셀룰라이트 감소 및 복부근육의 탄력강화

### (2) 유의사항

· 대장의 흐름 방향(시계방향)으로 관리 하도록 함
· 매우 섬세하고 부드러운 부위이므로 피시술자를 잘 관찰하면서 관리 하도록 함
· 식사 후 1시간 이내에는 관리하지 않도록 함
· 임산부, 생리중일 경우 관리하지 않도록 함

### (3) 해부학적 구조

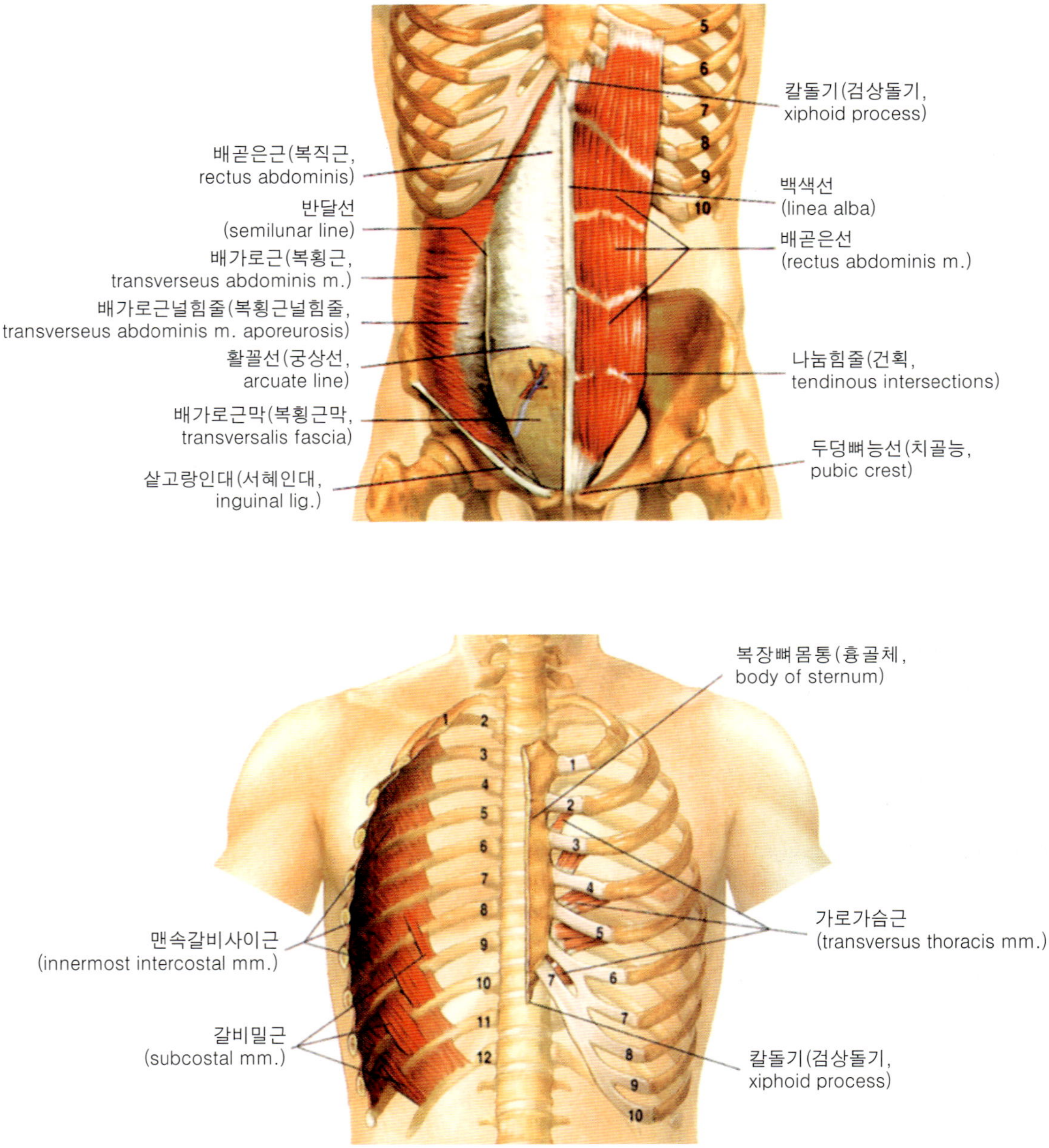


그림 2-6. 복부 근육

### (4) 기법

[클린징 & 피부정돈]

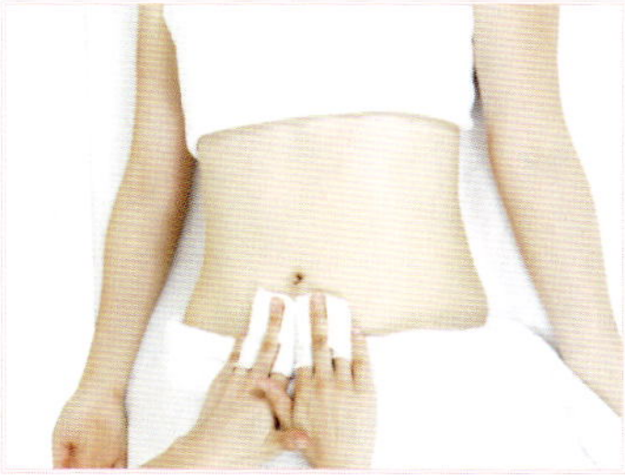
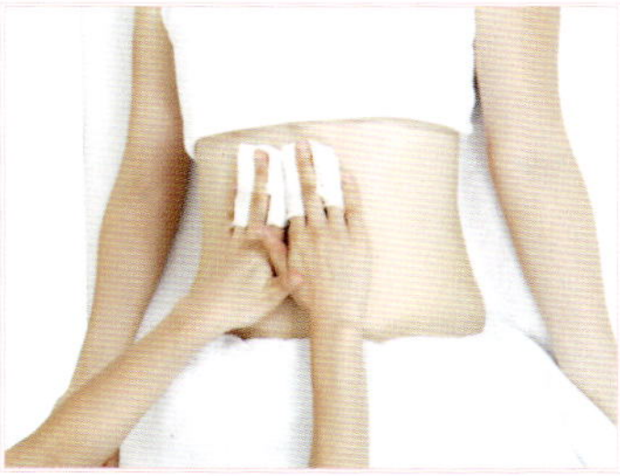
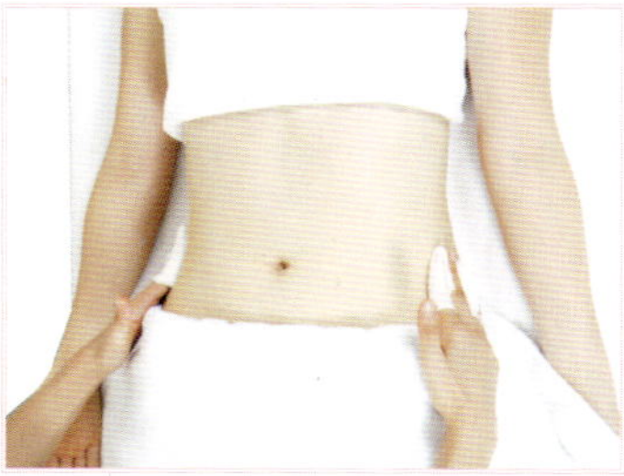
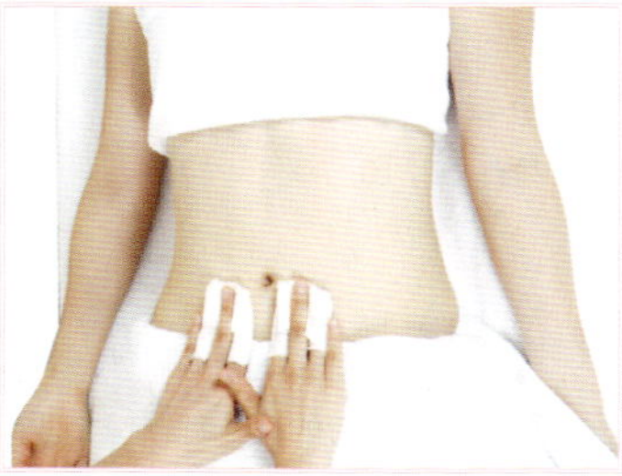

[매뉴얼테크닉]

① 오일도포, 전체 쓰다듬기($f_1$~$f_5$)

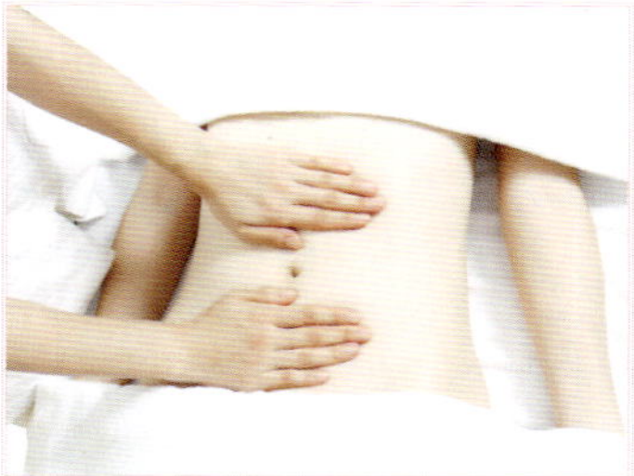
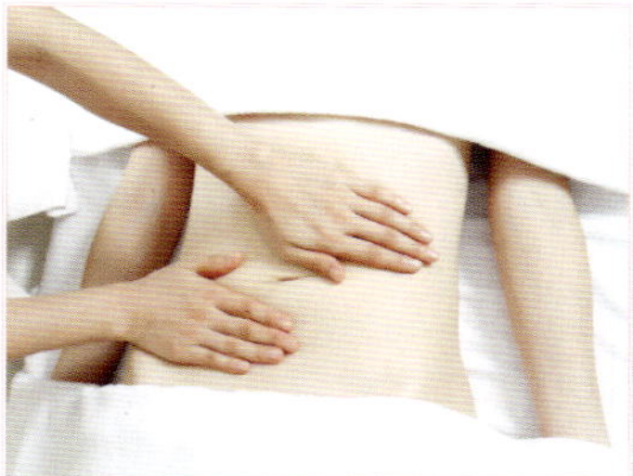
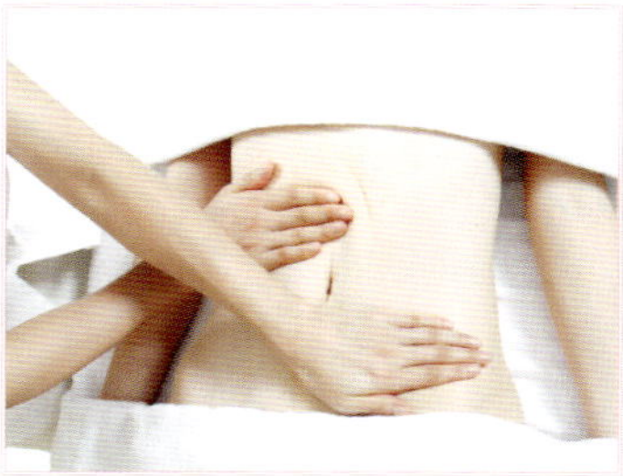

② 다이아몬드 모양으로 깊게 쓰다듬기($f_1$~$f_5$)

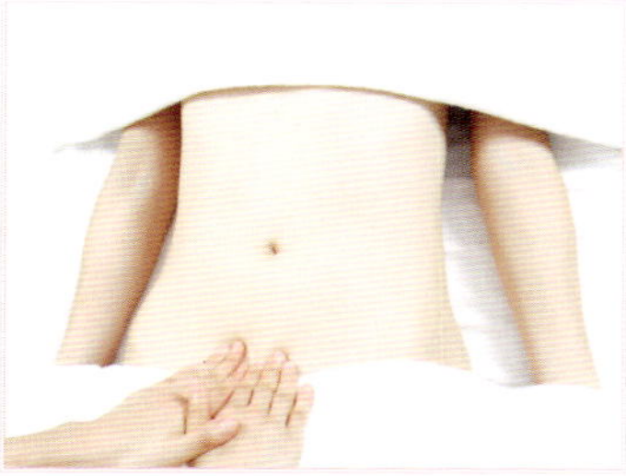
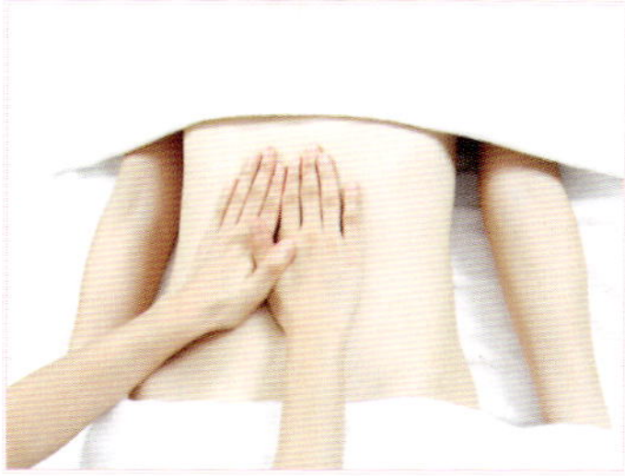
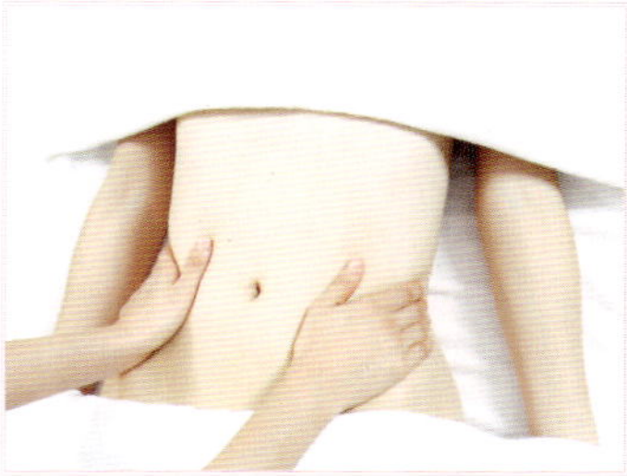

③ 명문부위에서 치골부위로 쓸어 내리기($f_1$~$f_5$)

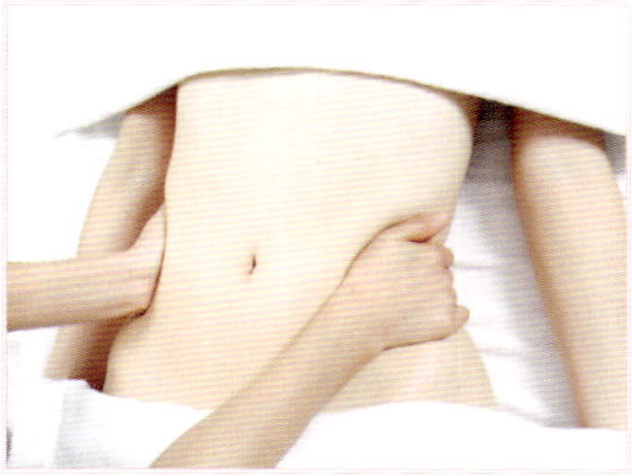
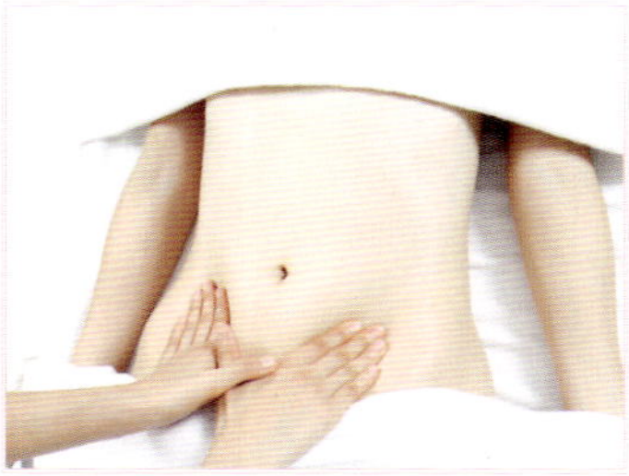

④ 한쪽씩 늑골 사이를 마찰한 뒤 치골부위로 쓸어 내리기($f_1$~$f_5$)

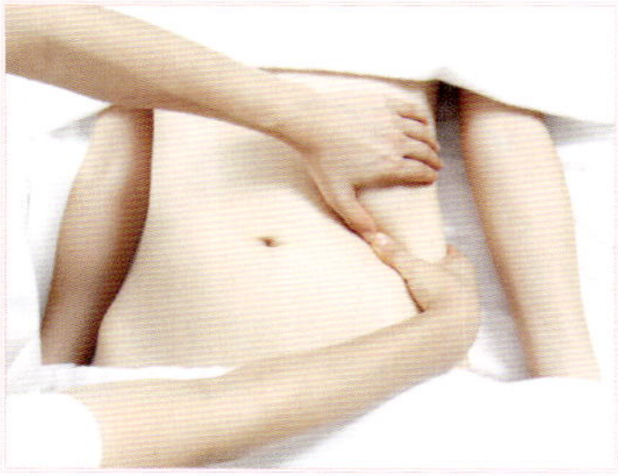
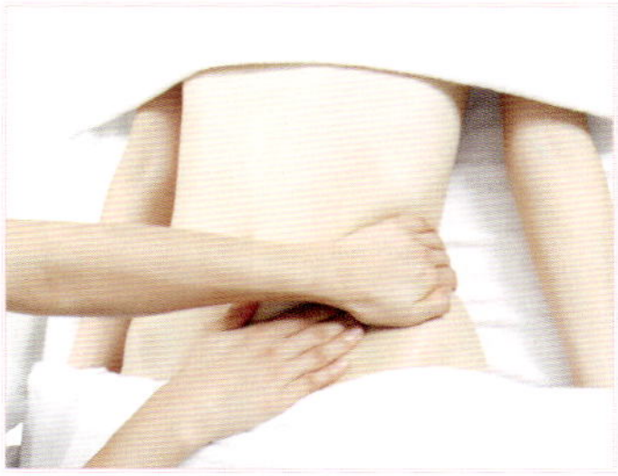

⑤ 양손 겹쳐서 시계방향으로 원 그리기(양손겹쳐)

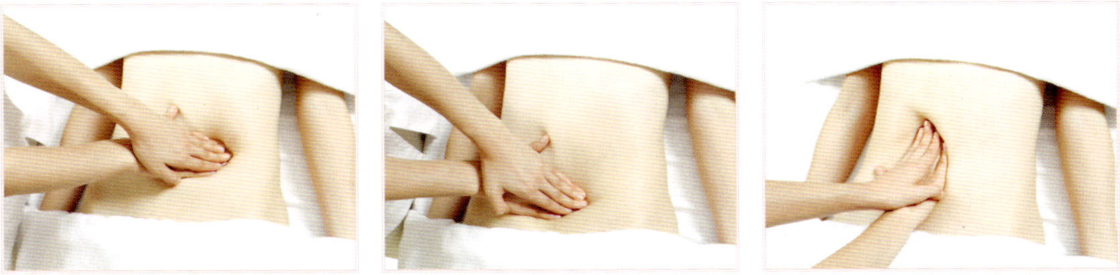

⑥ 지과면으로 시계방향 원 그리기(지과면)

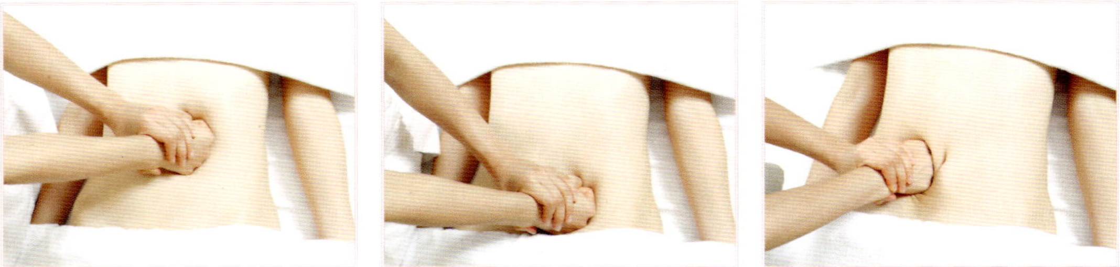

⑦ 대장부위 쓰다듬기(하행, 횡행∼하행, 상행∼횡행∼하행결장) ($f_1$∼$f_5$)

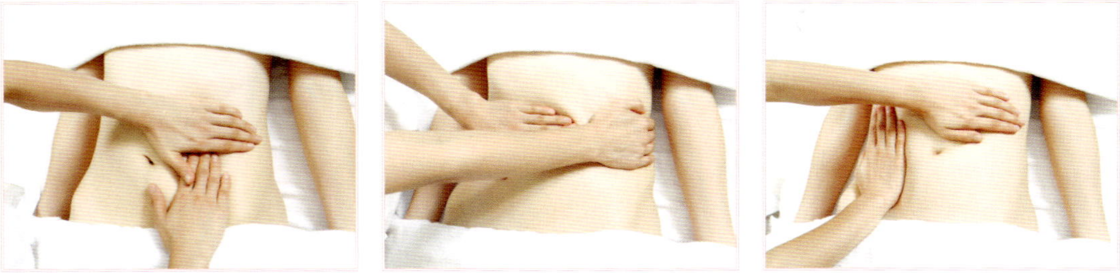

⑧ 반죽하기($f_1$~$f_5$)

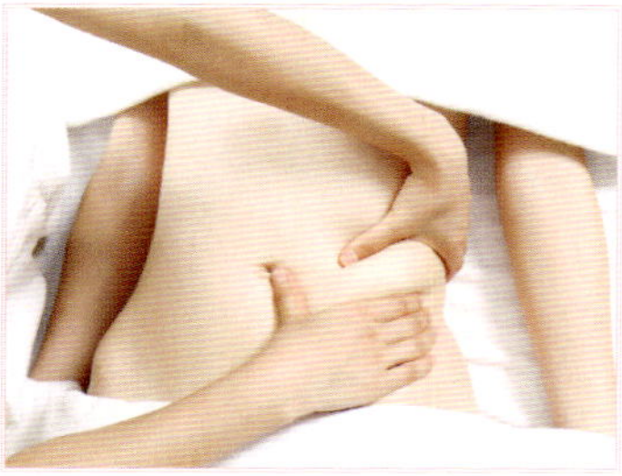

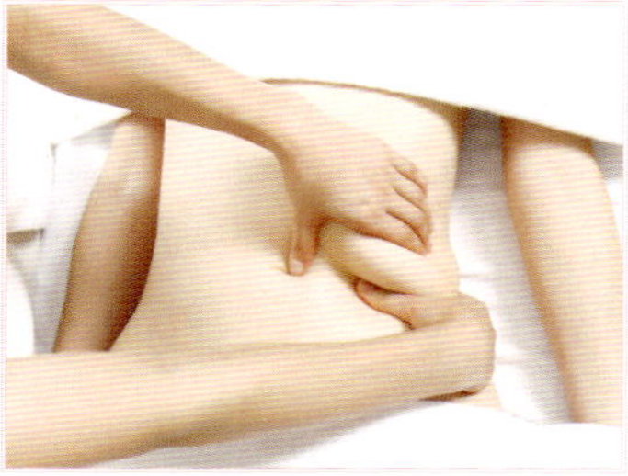

⑨ 집어주기($f_1$~$f_5$)

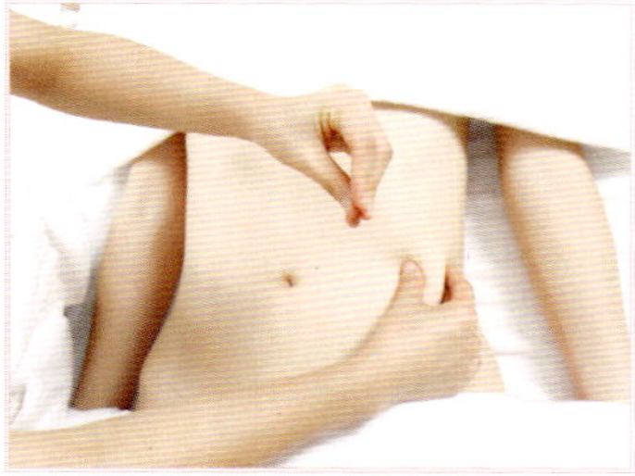

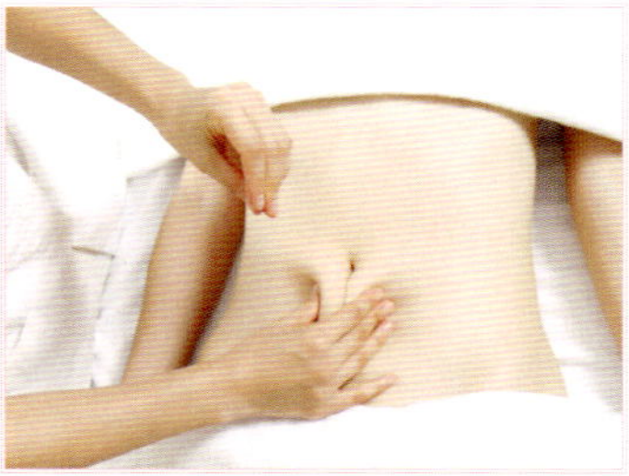

⑩ 허리에서 치골부위로 쓸어 내리기($f_1$~$f_5$)

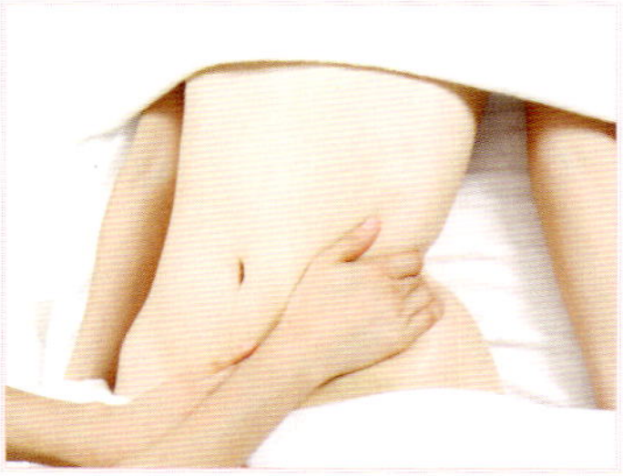

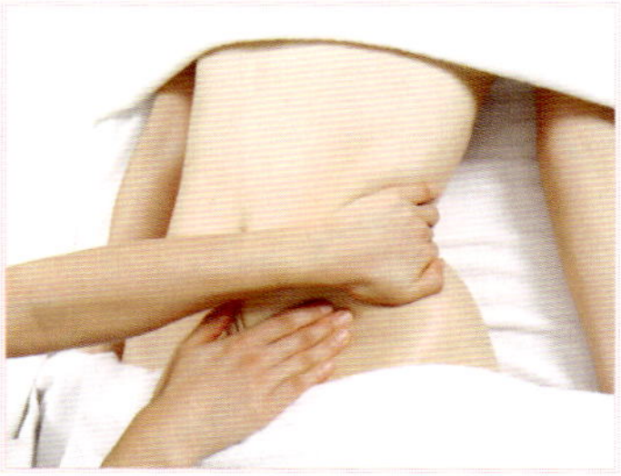

⑪ 시계방향으로 원 그리기($f_1 \sim f_5$)

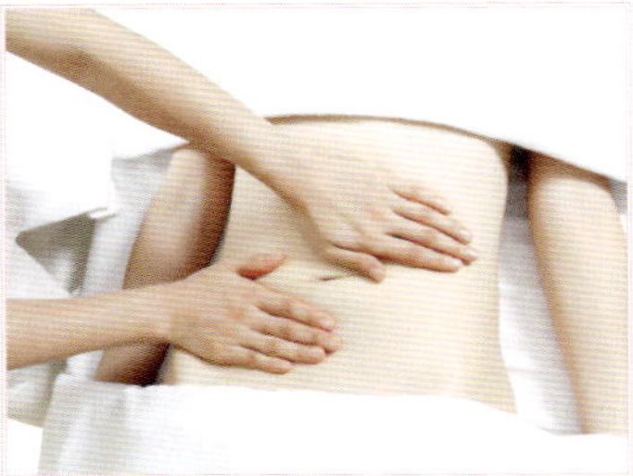

⑫ 치골에서 명치부위로 올라가 내려오면서 떨어주기($f_1 \sim f_5$)

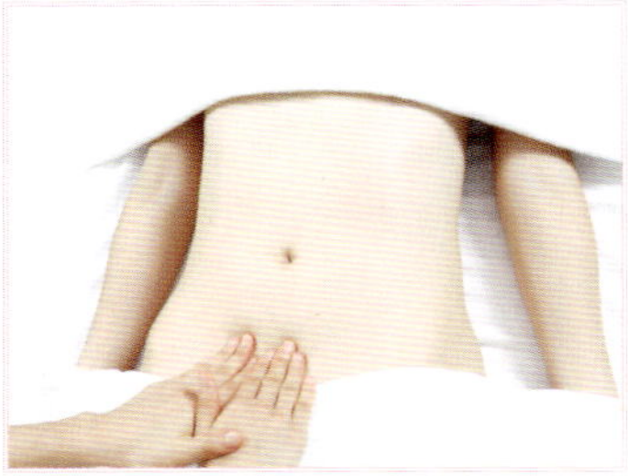
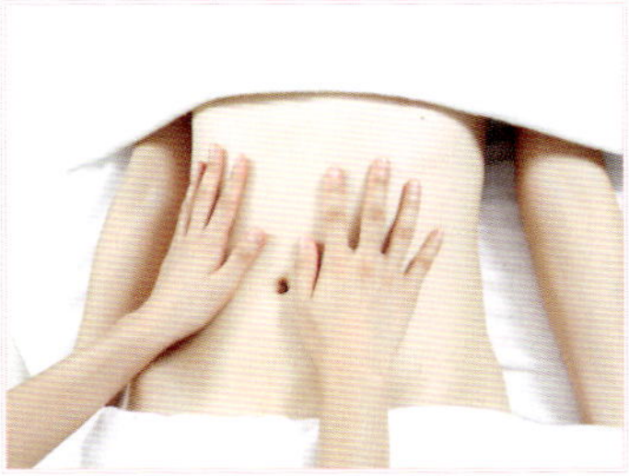

⑬ 시계방향으로 쓰다듬고($f_1 \sim f_5$), 배꼽부위 떨어준 후 살짝 누르면서 떼어주기($f_1 \sim f_5$)

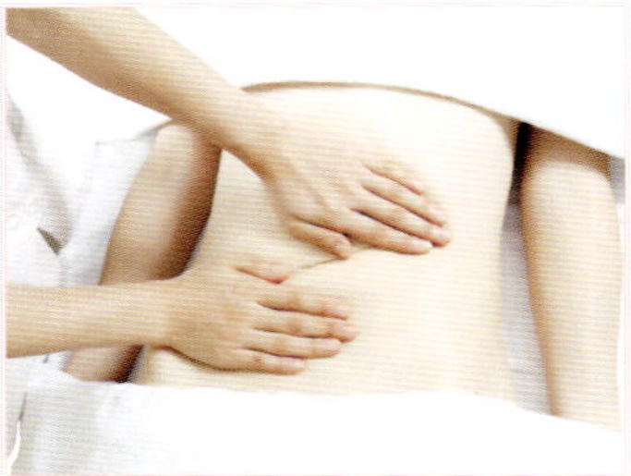
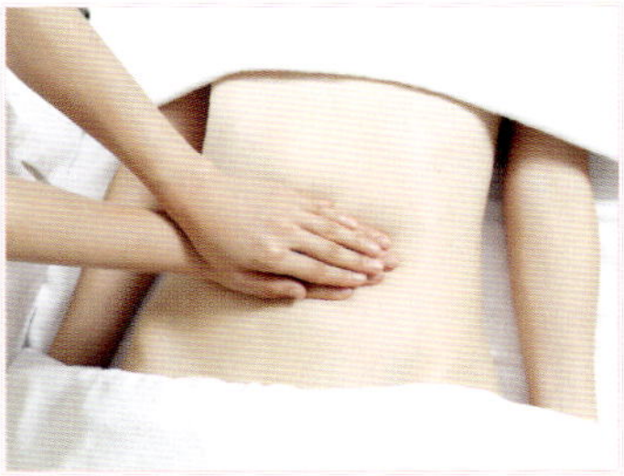

## (5) 유의사항

- 관리 시 오일이나 크림이 주변에 묻지 않도록 함
- 시술 후 마무리 관리 시 이동할 때에는 노출된 부위를 타월로 덮어둠
- 마찰을 줄이기 위해 사용하는 제품은 알맞은 양을 사용
- 손과 팔의 힘으로만 관리하지 말고 체중을 실어 관리사의 피로를 최소화함

## 5) 팔 관리

### (1) 목적 및 효과

- 가장 많은 물리적 활동을 지속하는 부위로 축적된 피로를 감소
- 뭉친 근육을 이완시킴

### (2) 유의사항

- 자극에 민감한 부위이므로 강한 압으로 관리하지 않도록 함
- 가는 부위이므로 밀착감에 유의하여 관리하도록 함
- 시술하지 않는 부위는 타월로 덮어둠
- 관절이나 뼈에 무리가 가지 않도록 강한 압을 주거나 심한 두드리기 동작은 가하지 않도록 함

### (3) 해부학적 구조

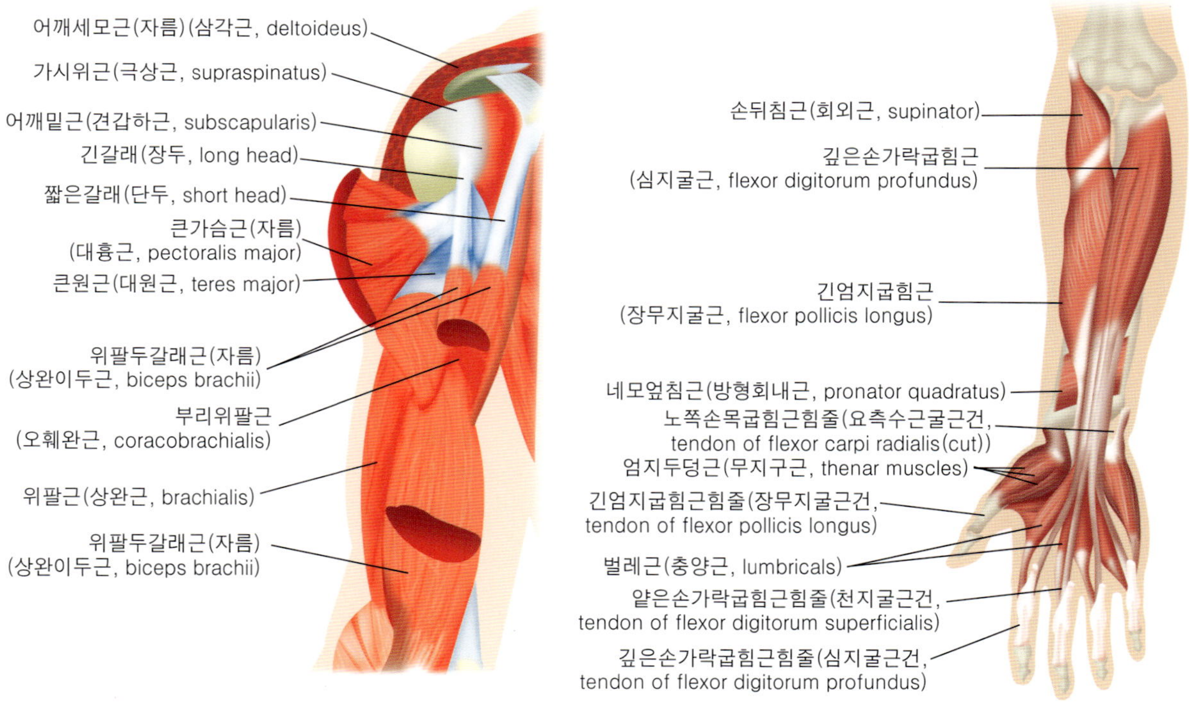


그림 2-7. 팔 근육

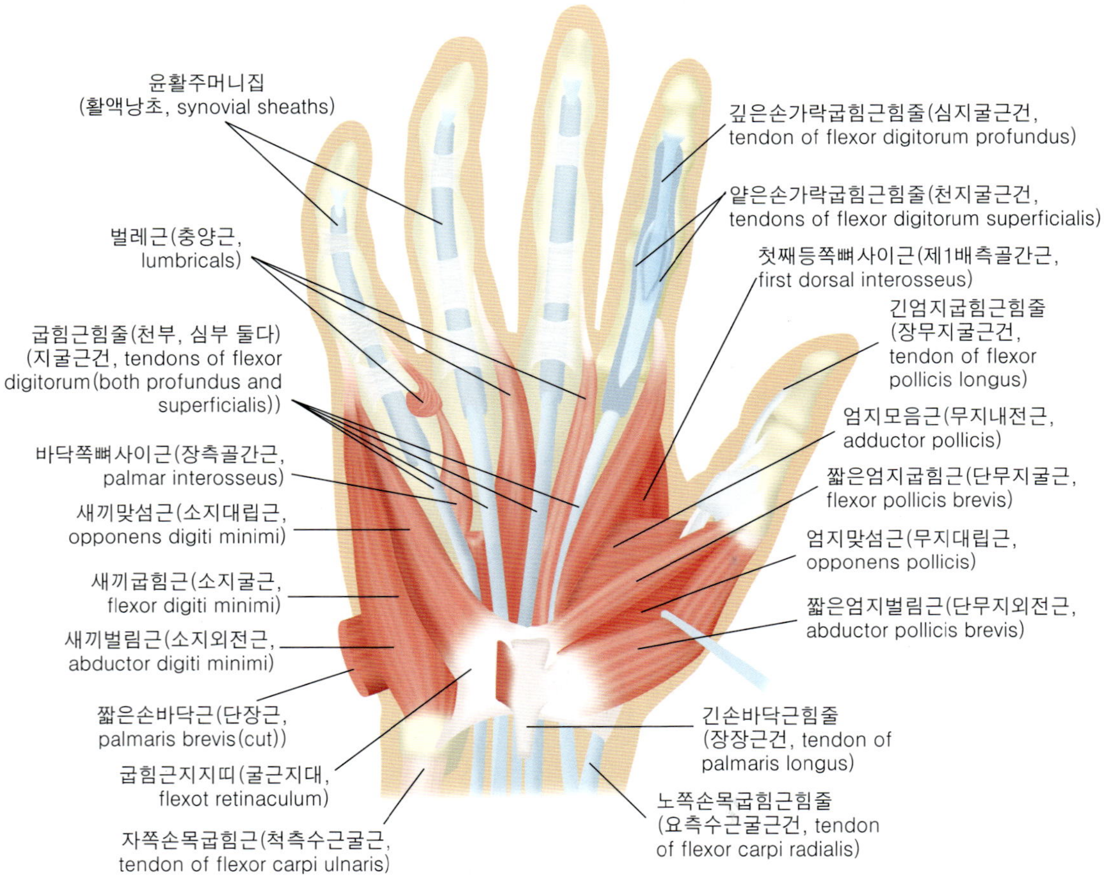
윤활주머니집
(활액낭초, synovial sheaths)
벌레근(충양근,
lumbricals)
굽힘근힘줄(천부, 심부 둘다)
(지굴근건, tendons of flexor
digitorum(both profundus and
superficialis))
바닥쪽뼈사이근(장측골간근,
palmar interosseus)
새끼맞섬근(소지대립근,
opponens digiti minimi)
새끼굽힘근(소지굴근,
flexor digiti minimi)
새끼벌림근(소지외전근,
abductor digiti minimi)
짧은손바닥근(단장근,
palmaris brevis(cut))
굽힘근지지띠(굴근지대,
flexot retinaculum)
자쪽손목굽힘근(척측수근굴근,
tendon of flexor carpi ulnaris)
깊은손가락굽힘근힘줄(심지굴근건,
tendon of flexor digitorum profundus)
얕은손가락굽힘근힘줄(천지굴근건,
tendons of flexor digitorum superficialis)
첫째등쪽뼈사이근(제1배측골간근,
first dorsal interosseus)
긴엄지굽힘근힘줄
(장무지굴근건,
tendon of flexor
pollicis longus)
엄지모음근(무지내전근,
adductor pollicis)
짧은엄지굽힘근(단무지굴근,
flexor pollicis brevis)
엄지맞섬근(무지대립근,
opponens pollicis)
짧은엄지벌림근(단무지외전근,
abductor pollicis brevis)
긴손바닥근힘줄
(장장근건, tendon of
palmaris longus)
노쪽손목굽힘근힘줄
(요측수근굴근건, tendon
of flexor carpi radialis)

그림 2-8. 손바닥 근육

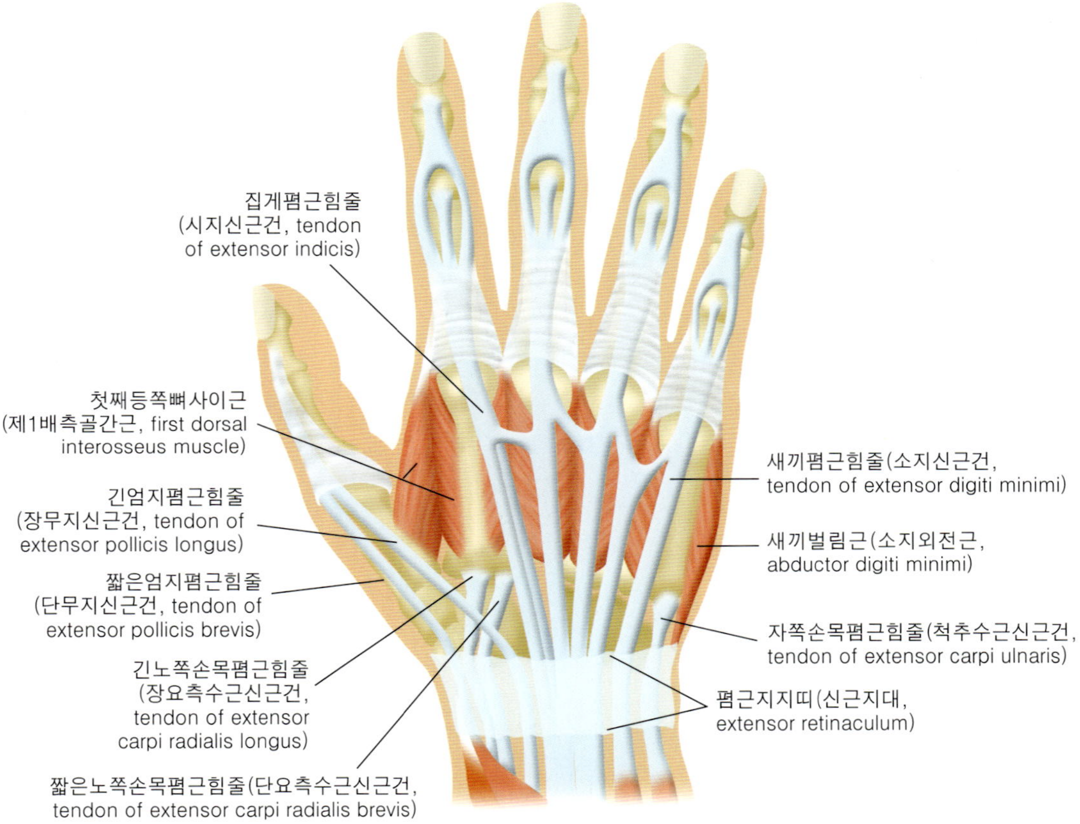
집게폄근힘줄
(시지신근건, tendon
of extensor indicis)
첫째등쪽뼈사이근
(제1배측골간근, first dorsal
interosseus muscle)
긴엄지폄근힘줄
(장무지신근건, tendon of
extensor pollicis longus)
짧은엄지폄근힘줄
(단무지신근건, tendon of
extensor pollicis brevis)
긴노쪽손목폄근힘줄
(장요측수근신근건,
tendon of extensor
carpi radialis longus)
짧은노쪽손목폄근힘줄(단요측수근신근건,
tendon of extensor carpi radialis brevis)
새끼폄근힘줄(소지신근건,
tendon of extensor digiti minimi)
새끼벌림근(소지외전근,
abductor digiti minimi)
자쪽손목폄근힘줄(척추수근신근건,
tendon of extensor carpi ulnaris)
폄근지지띠(신근지대,
extensor retinaculum)

그림 2-9. 손등 근육

## (4) 기법

### [클린징 & 피부정돈]

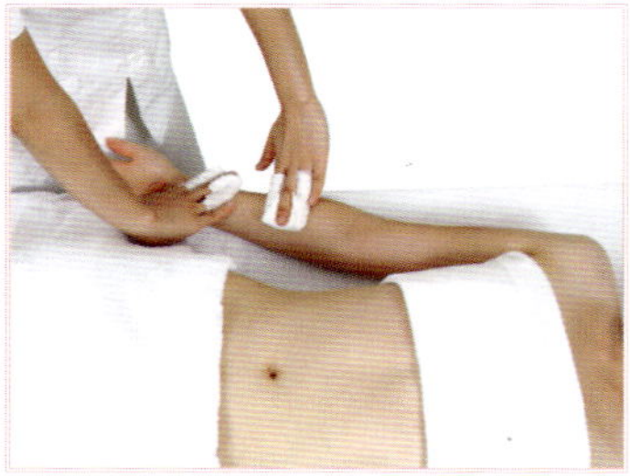

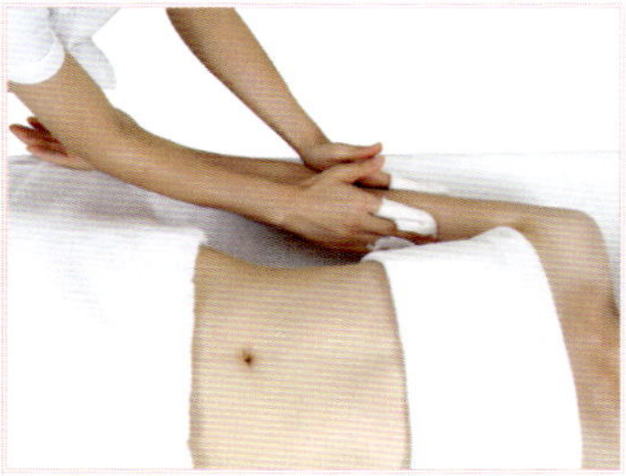

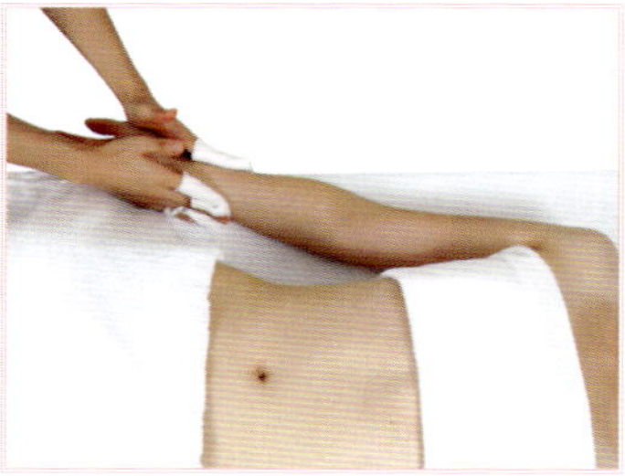

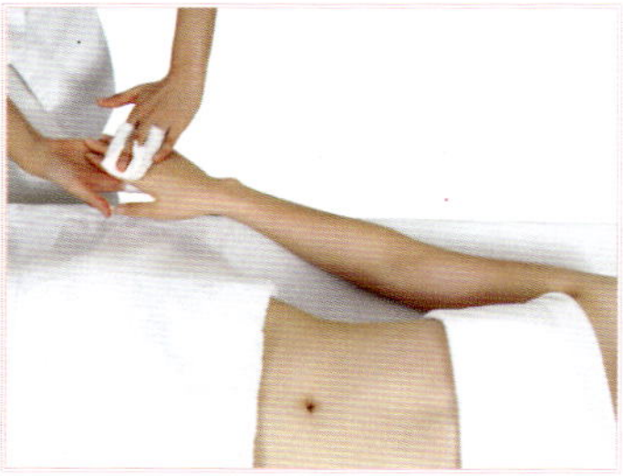

### [매뉴얼테크닉]

① 오일도포, 전체 쓰다듬기($f_1 \sim f_5$)

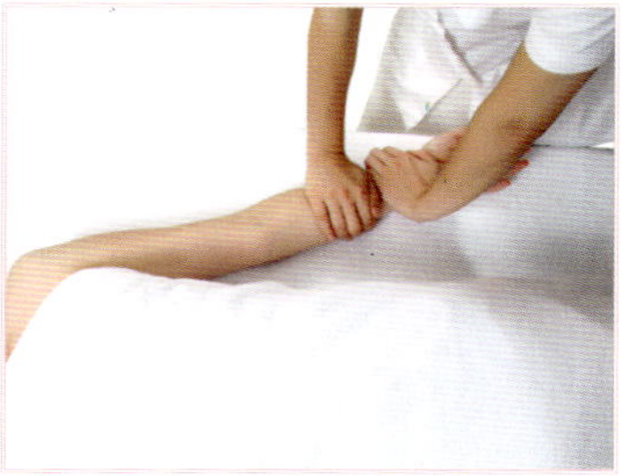

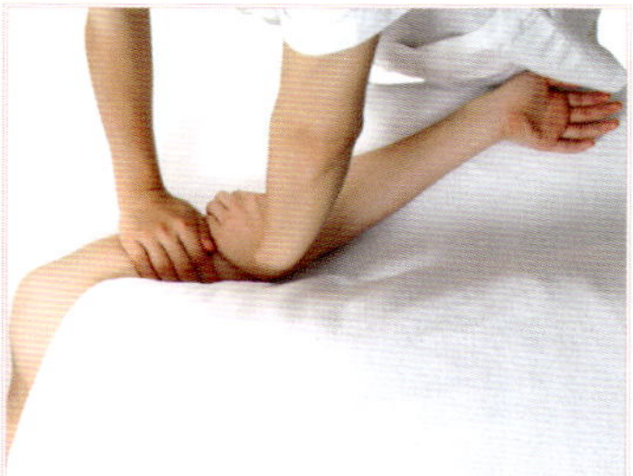

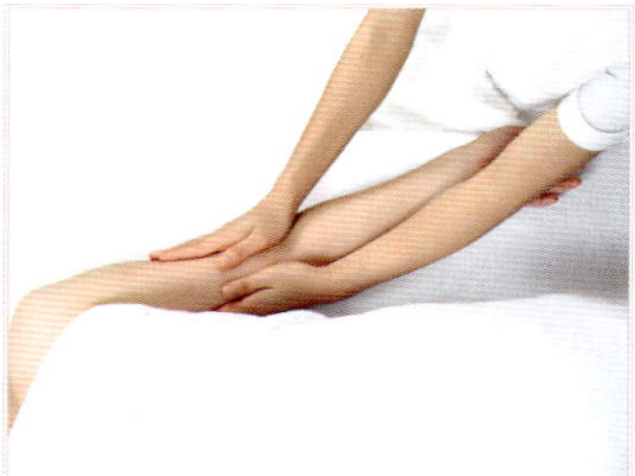

② 손등 쓰다듬기($f_1 \sim f_5$)

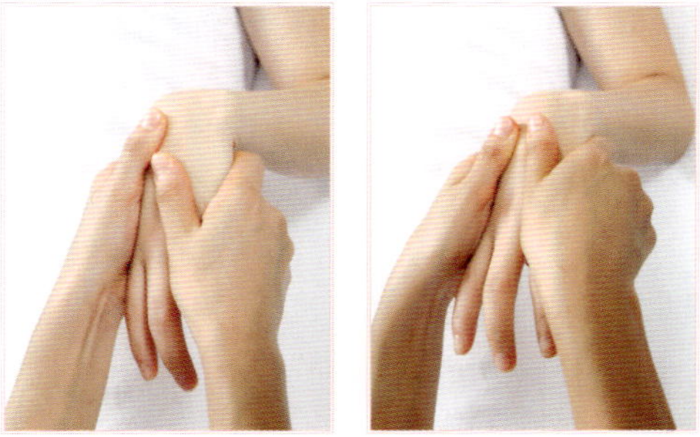

③ 중수골부위 쓸어 올려주기(양 엄지)

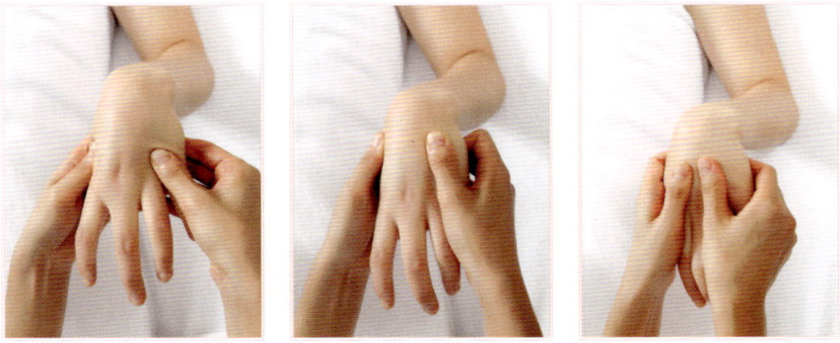

※ 중수골부위를 쓸어 올린 후 나선형으로 굴려주면 효과적임

④ 손가락 나선형으로 굴려주기($f_1$, $f_2$)

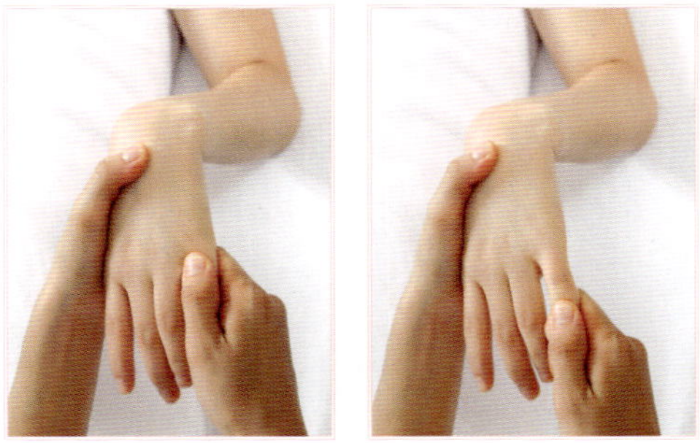

⑤ 손가락 집어주고 튕겨주기($f_1$, $f_2$)

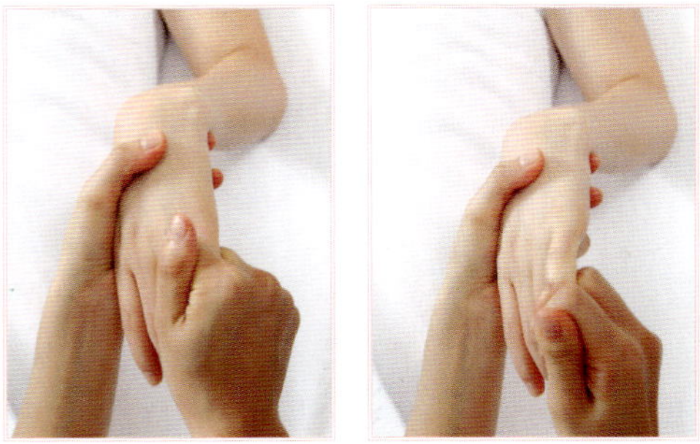

※ ③~⑤번 동작시 손을 편하게 내려놓은 상태에서 적용하기

⑥ 손바닥 중앙(노궁)지긋이 눌러주기(양 엄지)

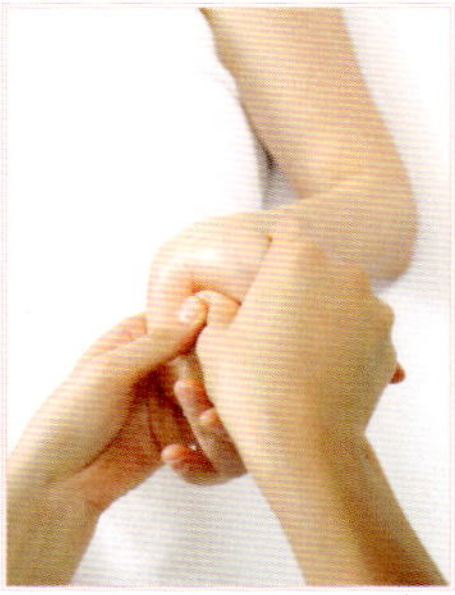
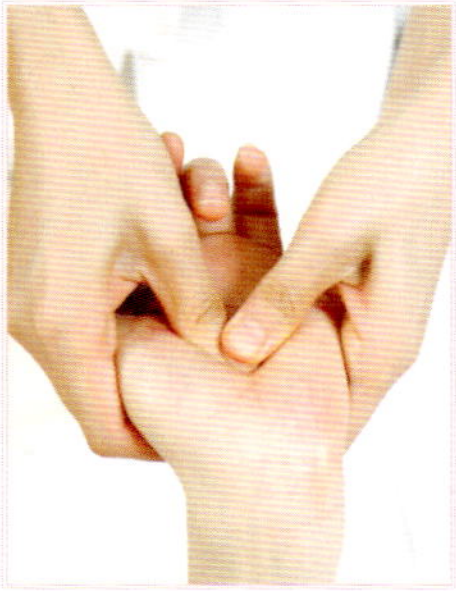

⑦ 손바닥 쓸어주기(지과면)

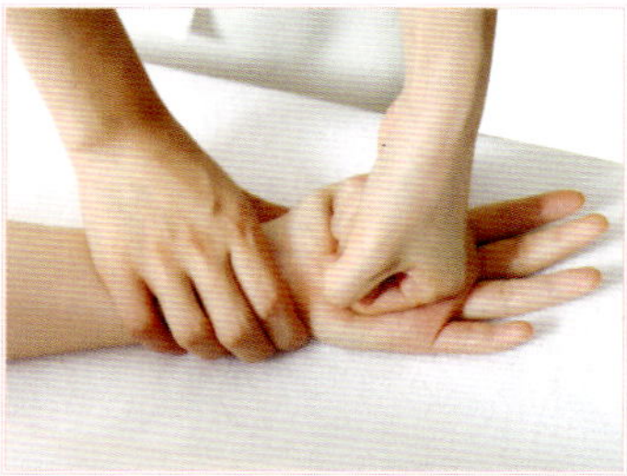
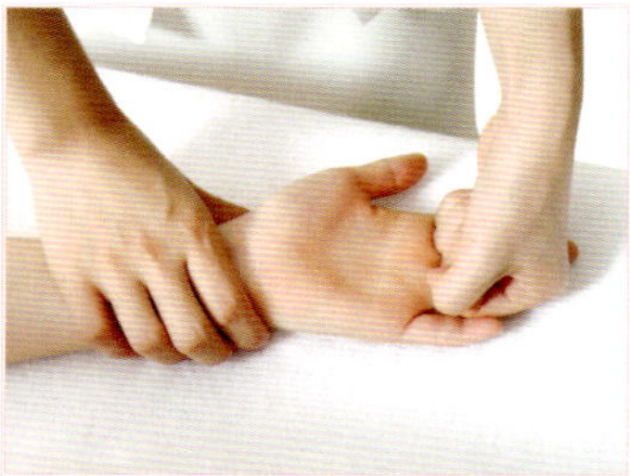

⑧ 손목회전, 손가락 스트레칭($f_1$~$f_5$)

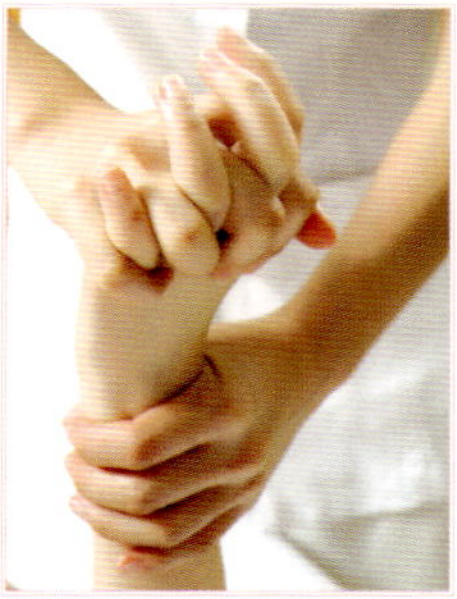
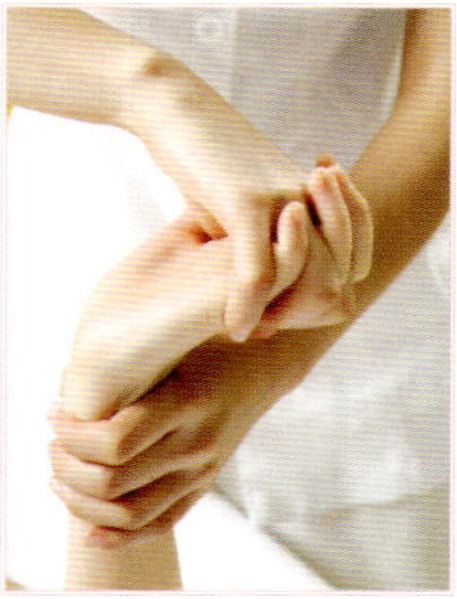
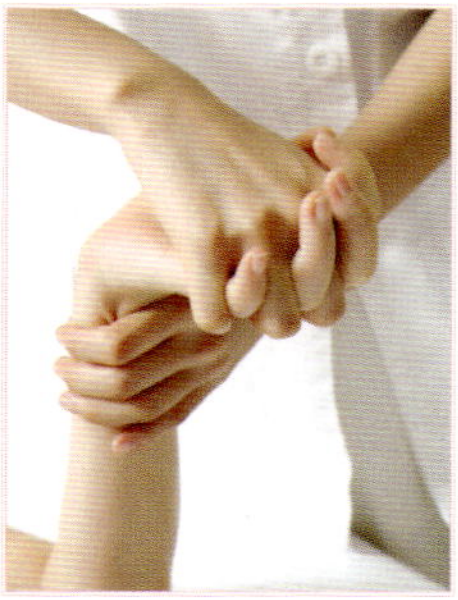

※ 손목 회전시 손목부위를 잡고 손가락 스트레칭시에는 손목 가까이 잡고 안전하게 스트레칭 시켜준다.

⑨ 전완부위를 세워서 교대로 훑어 내려 주기($f_1$~$f_5$)

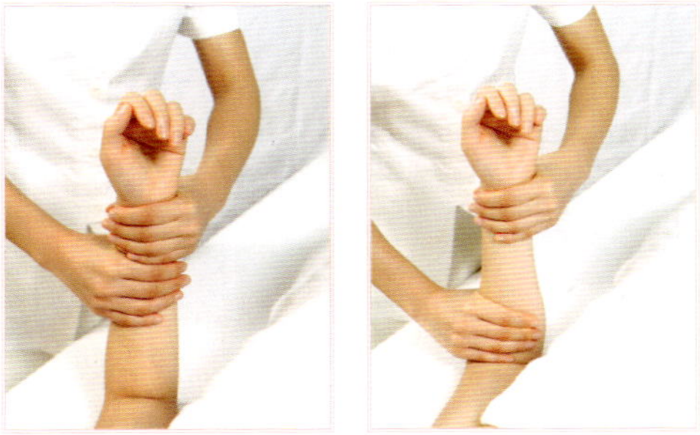

⑩ 전완부위를 세워서 비틀어주기($f_1$~$f_5$)

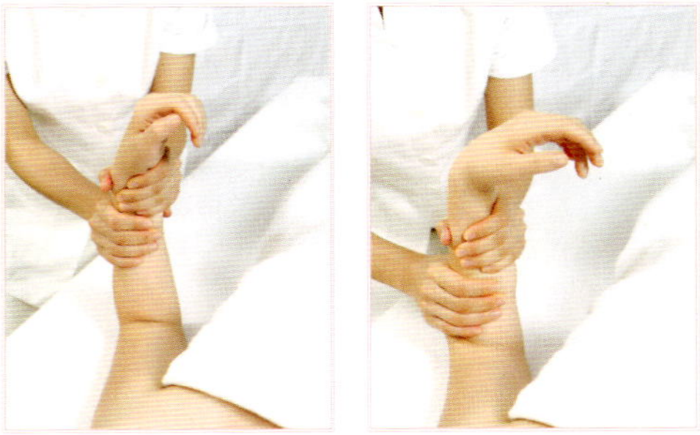

⑪ 팔꿈치 쓰다듬기($f_1$~$f_5$)

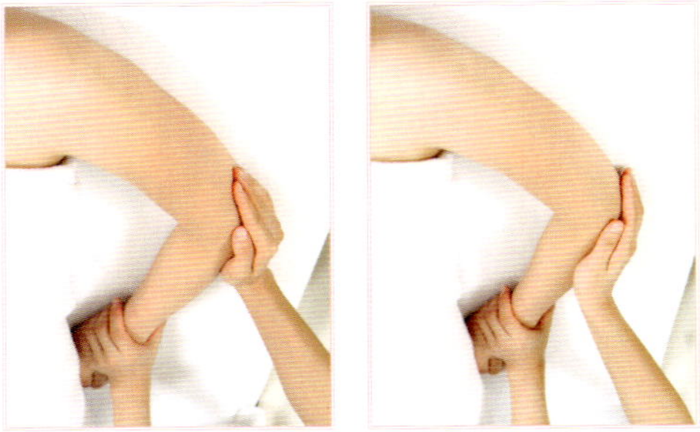

⑫ 상완부위 쓰다듬기($f_1$~$f_5$)

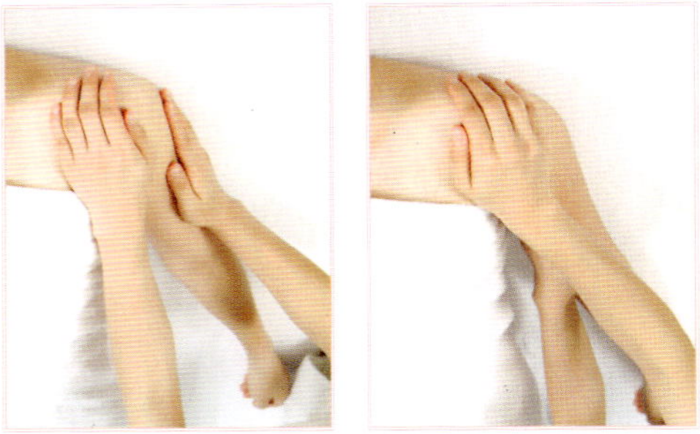

⑬ 삼각근부위 지긋이 눌러주기($f_1$~$f_5$)

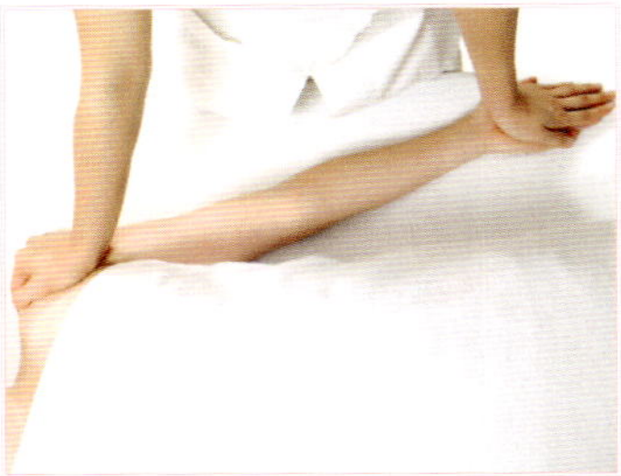

※ 뼈가 있는 부위는 가능한 한 압을 피하고 삼각근 부위를 지긋이 누르기.
폐경락이 흐르는 부위라 다소 통증을 느낄 수 있으므로 미리 주지시키기.
한 손은 삼각근부위를 누르고 다른 손은 손바닥을 누르며 압하듯히 빼주기.

⑭ 전체 반원으로 굴려 올라간 후 손목방향으로 쓸어 내리기($f_1$~$f_5$)

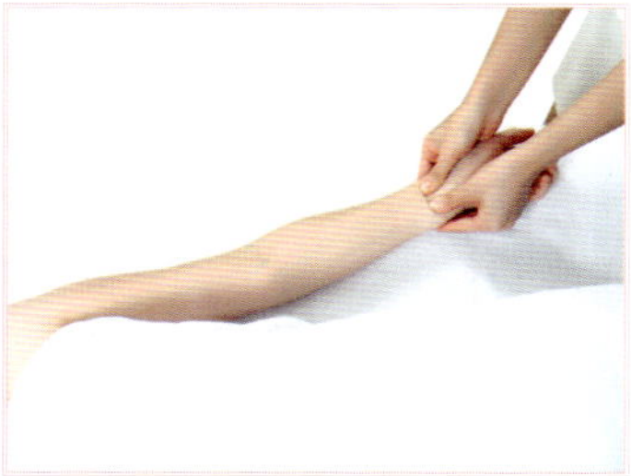
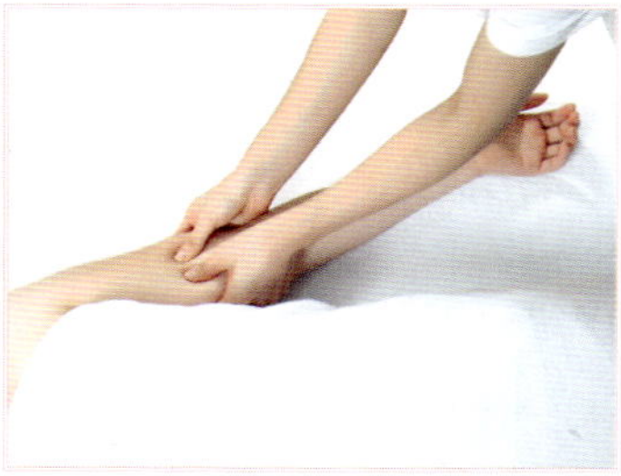
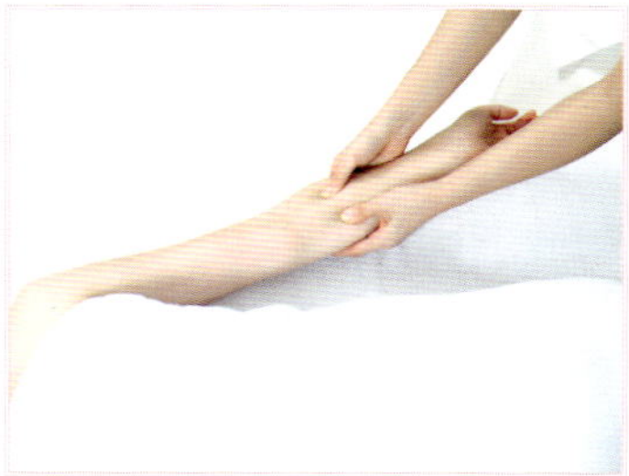

⑮ 전체 쓰다듬고($f_1$~$f_5$), 양손 교대로 끌어 올려주기($f_1$~$f_5$)

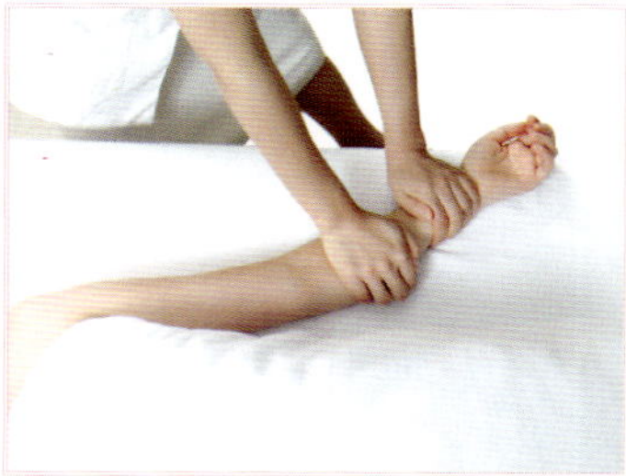
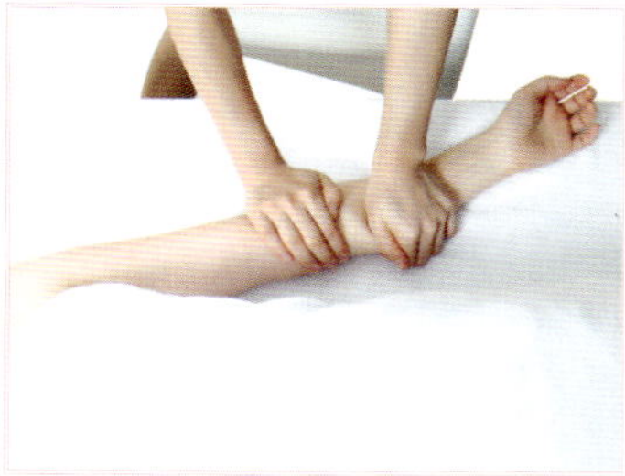
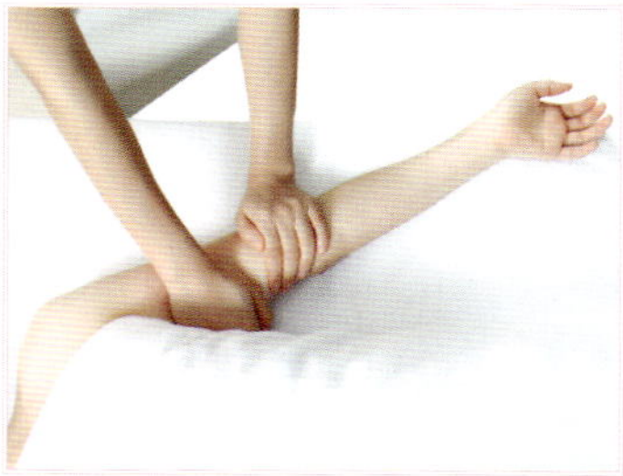

⑯ 전체 집어주기($f_1$, $f_3$~$f_4$)

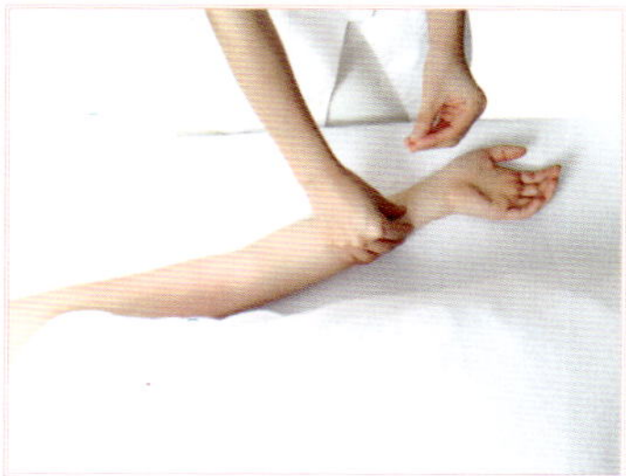
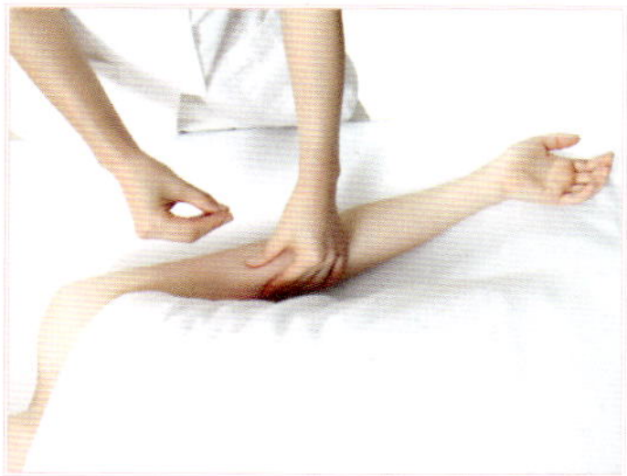

⑰ 전체 두드리기($f_1 \sim f_5$)

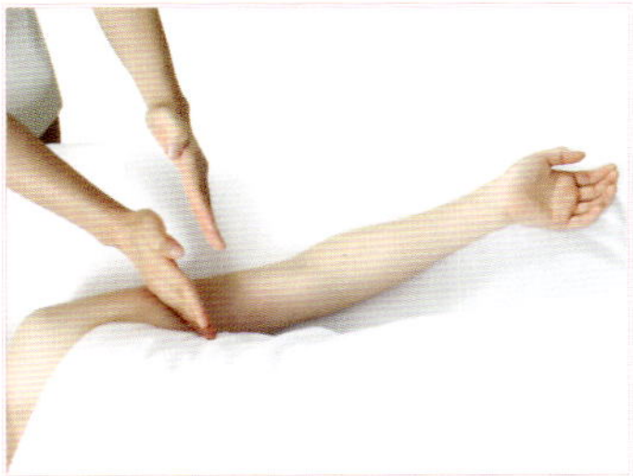

⑱ 전체 진동하기($f_1 \sim f_5$)

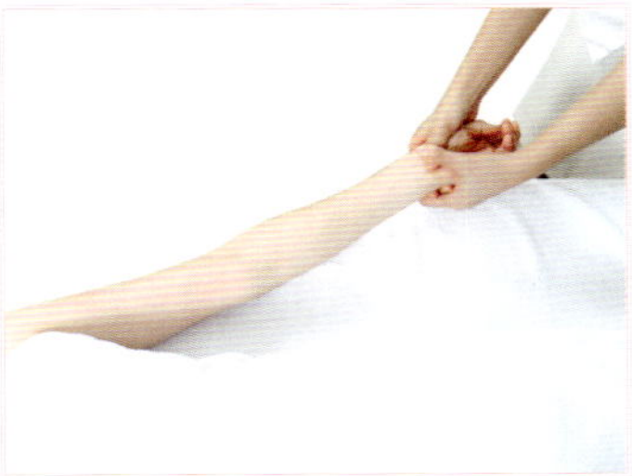

※ 상완부위에서 손목방향으로 떨어준 후 손목을 잡고 팔을 당기듯이 떨어주기(견인진동법)

⑲ 전체 쓰다듬기(양손바닥)

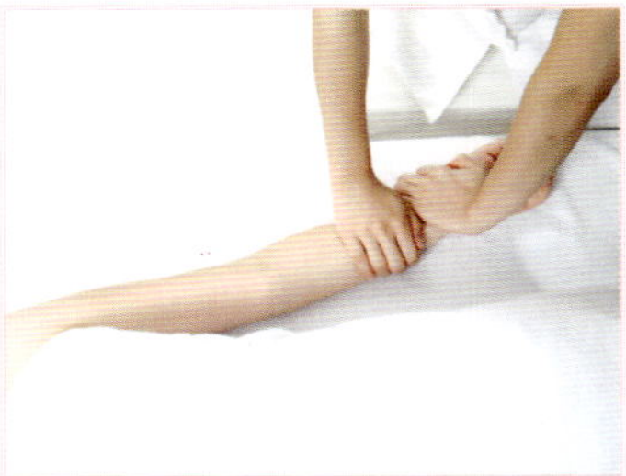
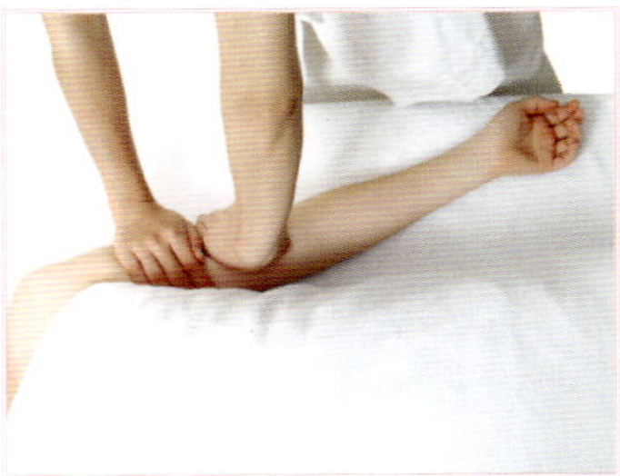
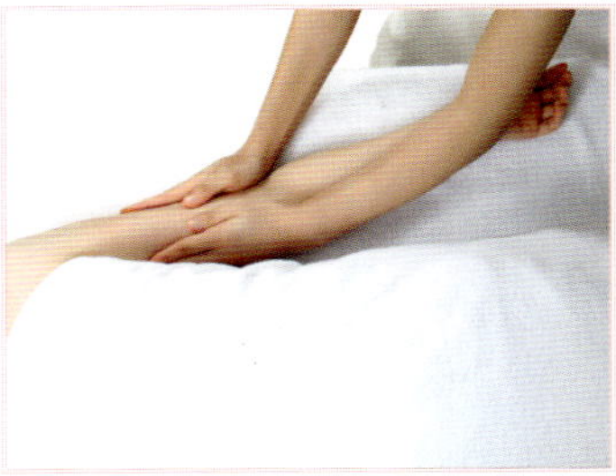

### (5) 유의사항

- 관리 시 오일이나 크림이 주변에 묻지 않도록 함
- 시술 후 마무리 관리 시 이동할 때에는 노출된 부위를 타월로 덮어둠
- 마찰을 줄이기 위해 사용하는 제품은 알맞은 양을 사용
- 손과 팔의 힘으로만 관리하지 말고 체중을 실어 관리사의 피로를 최소화함

# 3. 제모

## 1) 목적 및 효과

- 피부미용적인 측면에서, 불필요한 체모를 외견상 아름답게 정리하기 위해 제거
- 불필요한 체모 제거로 육체적, 정신적으로 아름답고 건강한 모습을 지닐 수 있게 됨

## 2) 종류

- 제모방법 : 가위사용, 화학제 사용, 족집게 사용, 면도기 사용, 영구제모술, 왁싱법(waxing), 왁싱방법은 일시적 제모와 영구적 제모로 구분

### (1) 일시적 제모

- 모간만을 제거하는 방법으로 면도(shaving), 자르기(cutting), 제모크림을 사용
- 모근까지 제거하는 방법은 왁스(hot wax, warm wax, cool wax)나, 족집게(plucking)를 사용
- 왁스는 족집개로 털을 뽑는 것에 비해 넓은 부위의 털을 제거하는데 용이
- 개인차를 고려하여 4주에 1회 정도 시행하도록 함
- 반복 실시해야 하는 번거로움이 있음

### (2) 영구적 제모

- 전기분해법 : 직류방식(Galvanic)으로 직류를 통하여 모유두가 파괴 되어 재생되지 않음
- 레이저 요법 : 특수파장의 빛 에너지로 모근을 파괴함
- 전기응고법 : 고주파에서 발생하는 높은 열을 이용하여 털이 자라는 모근의 세포를 가열하여 응고시킴으로서 체모를 파괴하는 방법

### (3) 왁스를 이용한 제모

- 제모를 시행할 주변에 종이타월 등의 깨끗한 종이류를 깔아 주변에 왁스가 묻지 않도록 함
- 시술자의 손 소독 후 라텍스 장갑을 착용함
- 제모를 시행하고자 하는 부위를 소독 후 파우더를 발라 습기와 유분을 없애도록 함
- 털이 긴 경우 눈썹 정리용 가위를 이용해 약 0.6cm(1/4inch) 정도로 자른 후 왁싱을 하도록 함
- 온 왁스는 나무 스파튤라를 이용해 손목 안쪽에 온도가 적당한지 확인함
- 스파튤라를 45° 각도로 세워 시술부위에 성장 방향으로 왁스를 얇고, 균일하며, 재빠르게 펴바름
- 머절린 천(muslin cloth)을 왁스와 피부가 완전히 밀착되도록 손으로 잘 눌러주고 천의 끝부분을 충분히 남겨두고 오른손잡이인 경우 왼손으로 피부를 팽팽하게 당겨 잡고 오른손으로 부드럽고 재빠르게 체모의 성장 반대방향으로 신속하게 머절린천을 잡아당김
- 왁싱이 끝난 후 스파튤라를 이용하여 진정로션 또는 크림을 발라줌

## 3) 유의사항

- 손, 기구, 제모부위는 반드시 소독 후 위생적으로 실시함
- 왁스 온도가 너무 높으면 고객에게 화상을 입힐 우려가 있으므로 손목안쪽 온도확인에 항상 유의 하도록 함
- 유분기와 땀을 제거하기 위해 사용하는 파우더 양은 피부표면에 소량만 사용하도록 함
- 왁싱이 끝난 후 도포하는 진정용 화장수나 로션, 크림은 스파튤라를 이용하고 손으로 바를 경우 반드시 손 소독 후 시행하도록 함
- 자외선에 의해 자극된 피부, 예민한 피부, 염증, 상처, 피부질환이 있는 경우 제모를 하도록 함
- 당뇨, 스테로이드계 약 복용 후, 부종, 정맥류가 있는 경우 금하도록 함
- 제모 후 24시간 내의 사우나, 수영, 목욕, 땀을 많이 흘리는 운동, 선탠을 금하며 제모부위에 향수나 스프레이의 사용을 금 하도록 함
- 민감한 피부의 경우 세균감염의 위험이 있으므로 항균로션을 사용하여 사후관리를 잘 하도록 함

## 4) 기법

① 소독

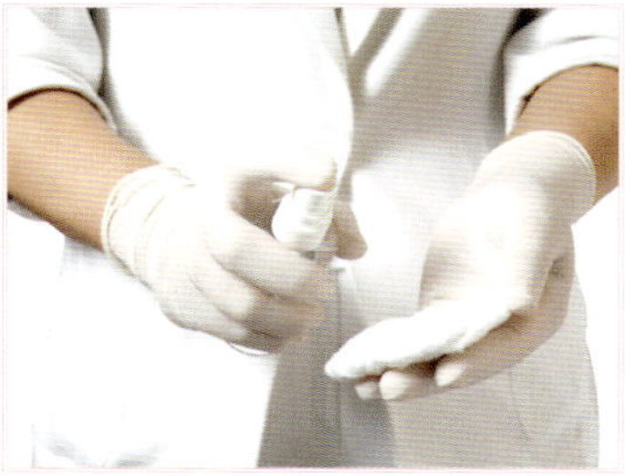
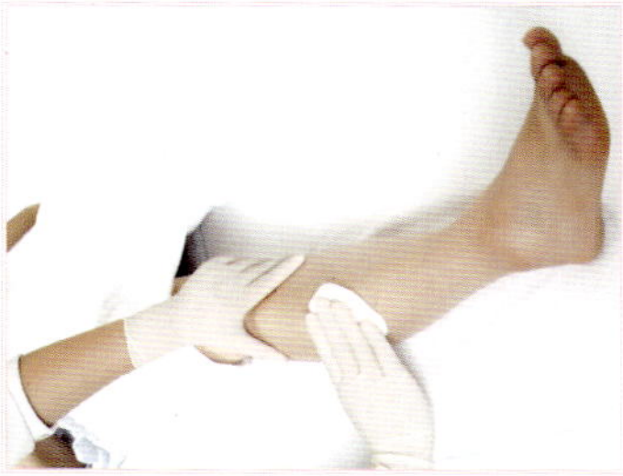

② 파우더 도포

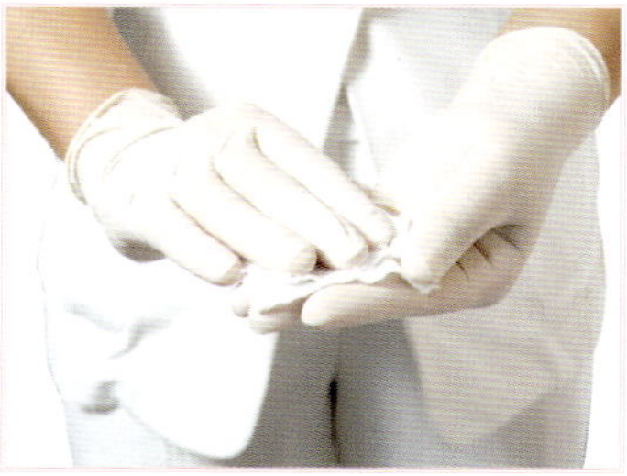
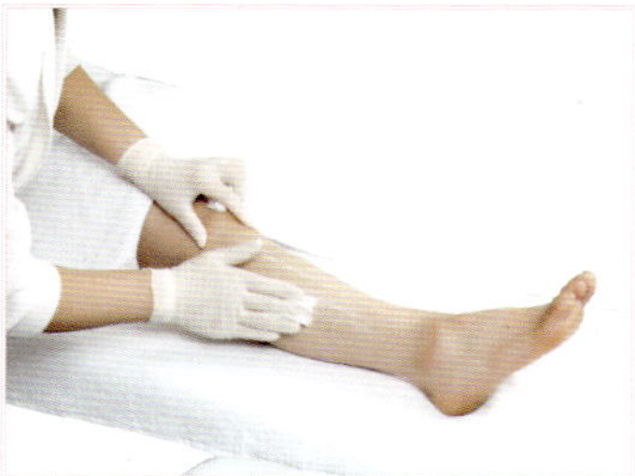

③ 왁스 도포 및 제거

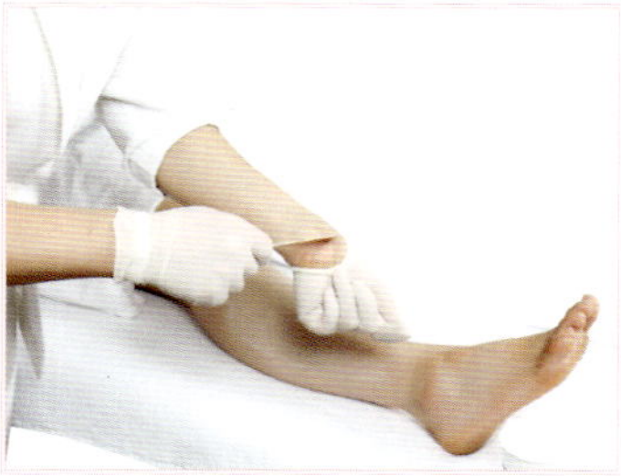
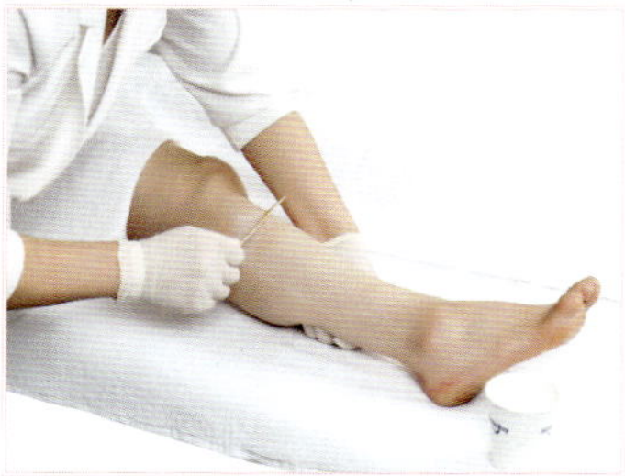
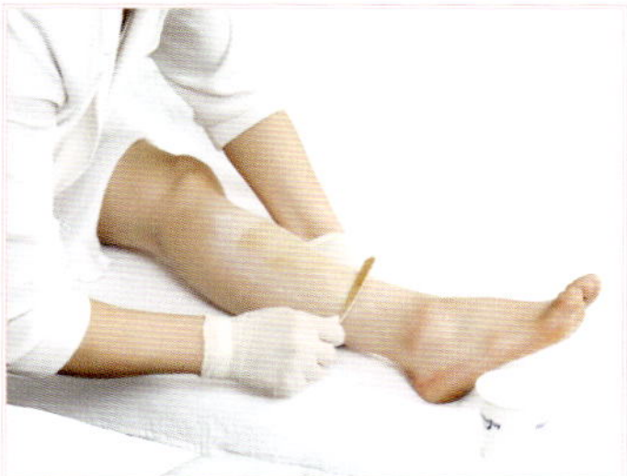
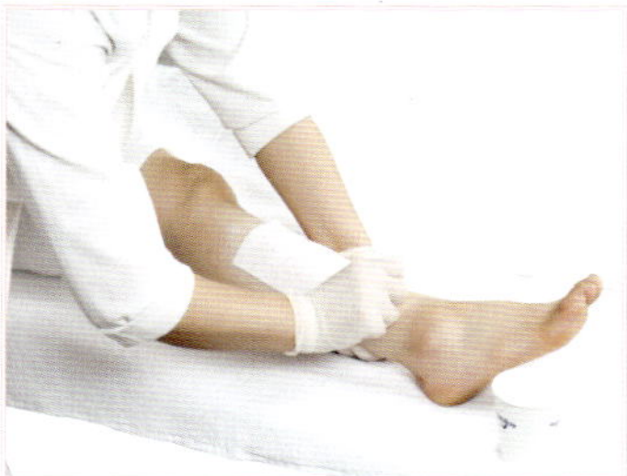

※ 왁스 도포 및 제거시 한손은 발목 뒷부분을 잡아주거나 제모하고자 하는 밑부분에 텐션(tension)을 주어 털난 반대방향으로 신속히 제거하기

④ 마무리

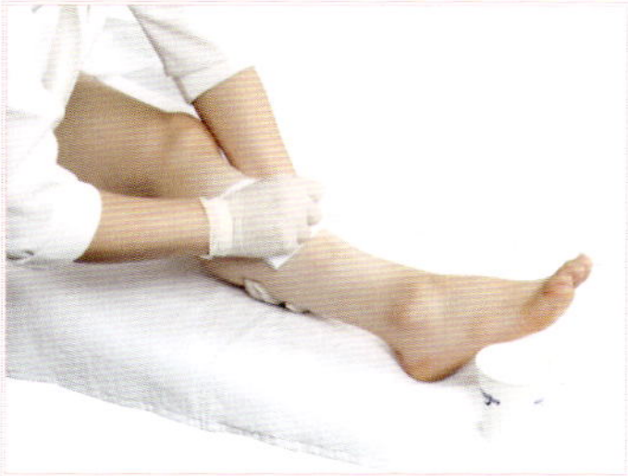
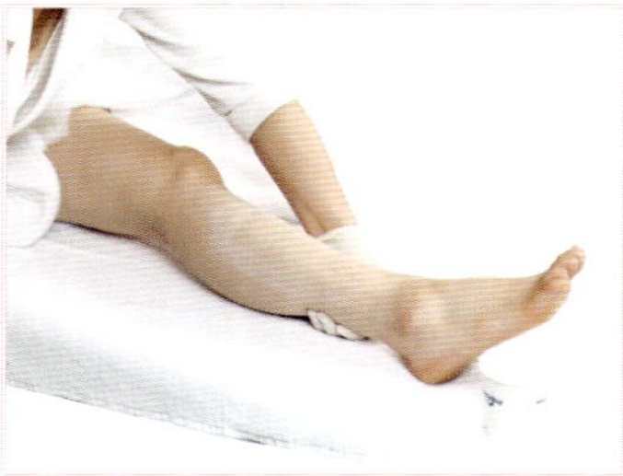
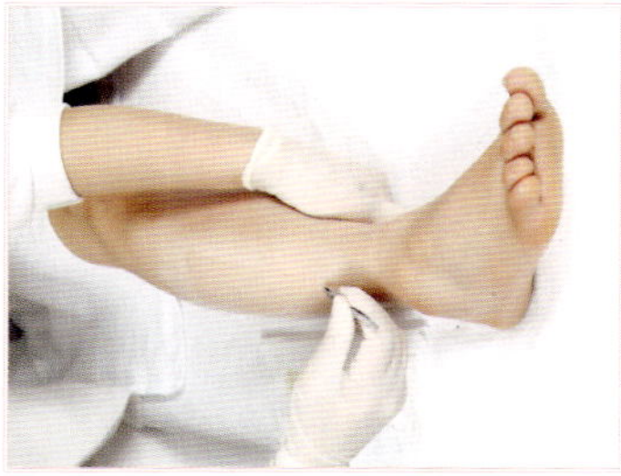
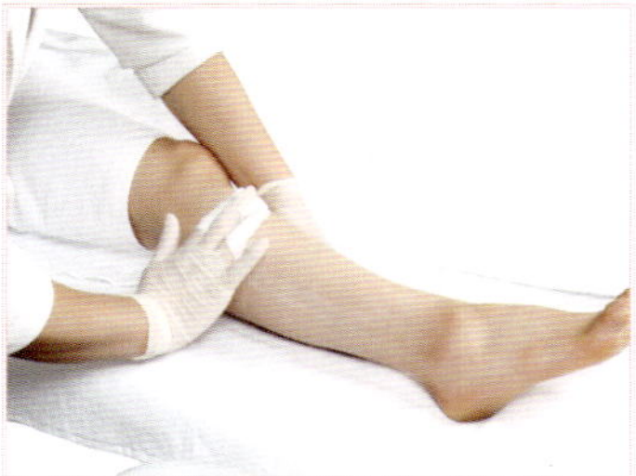
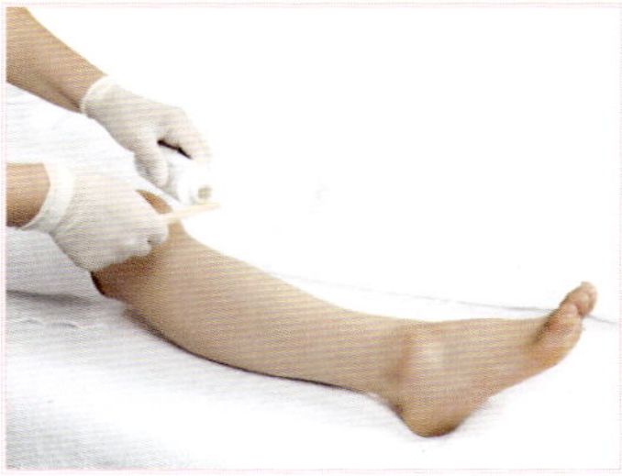
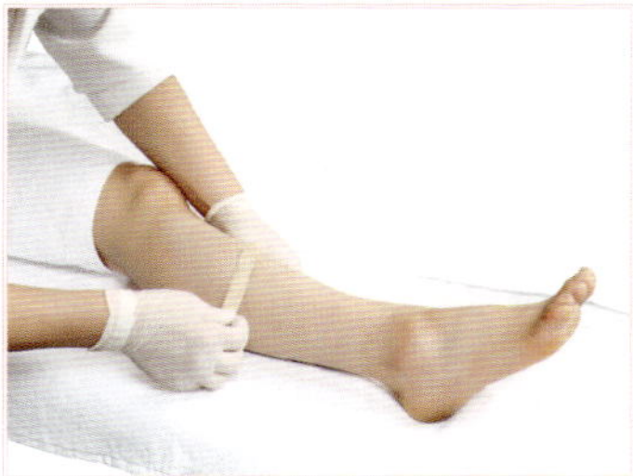

# Ⅲ
# 특수관리

## 1. 림프를 이용한 피부관리

### 1) 목적 및 효과

- 1930년대 덴마크 물리치료사인 에밀 보더(Emil Vodder& Estrid Vodder)에 의해 창안된 수기법으로 림프액의 흐름을 원활하게 도와주는 방법
- 림프 순환을 촉진시켜 세포의 노폐물의 배출을 도와줌
- 면역기능 강화
- 부종완화
- 자율신경계중 부교감 신경을 자극함으로 심신의 안정 도모
- 신진대사 촉진 기능
- 정체된 셀룰라이트 형성예방 및 완화
- 스트레스 완화

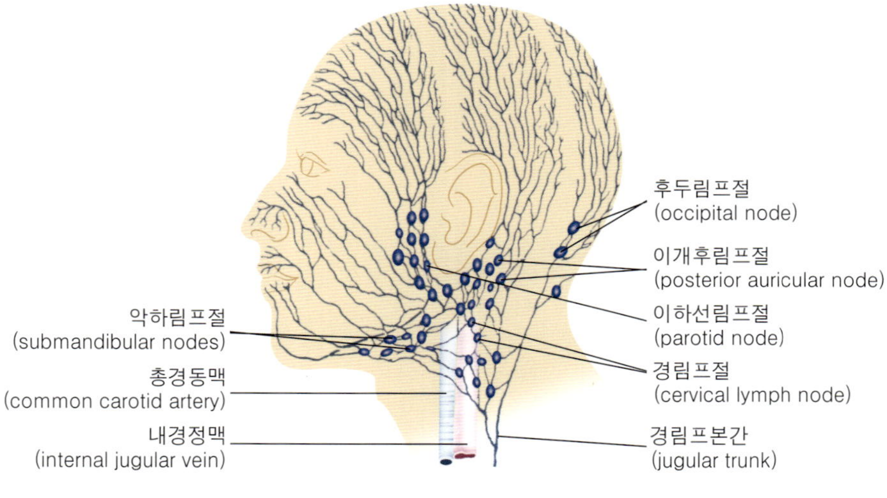


그림 3-1. 두경부의 림프절

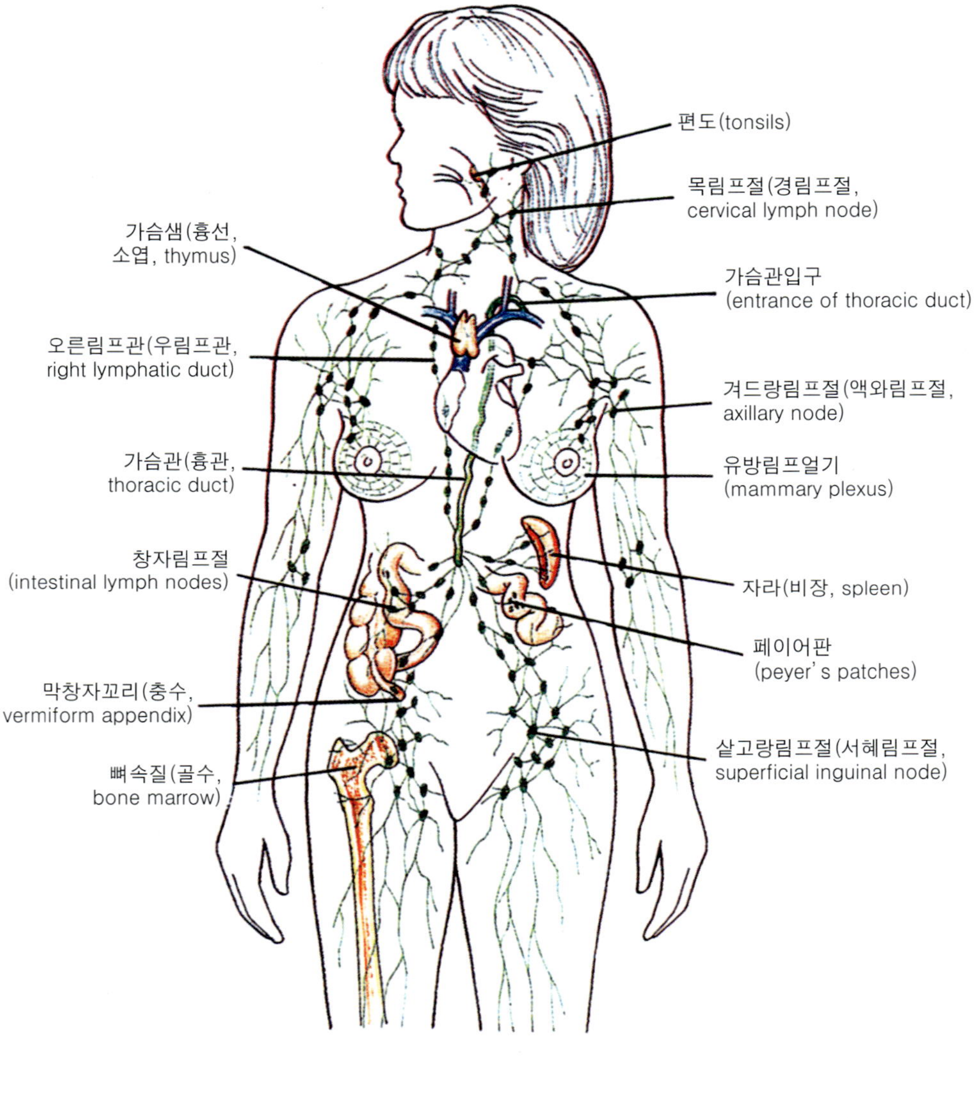
편도(tonsils)
목림프절(경림프절, cervical lymph node)
가슴샘(흉선, 소엽, thymus)
가슴관입구 (entrance of thoracic duct)
오른림프관(우림프관, right lymphatic duct)
겨드랑림프절(액와림프절, axillary node)
가슴관(흉관, thoracic duct)
유방림프얼기 (mammary plexus)
창자림프절 (intestinal lymph nodes)
자라(비장, spleen)
페이어판 (peyer's patches)
막창자꼬리(충수, vermiform appendix)
샅고랑림프절(서혜림프절, superficial inguinal node)
뼈속질(골수, bone marrow)

그림 3-2. 전신의 림프계

## 2) 기법

### (1) 림프드레니쥐 기법의 원칙

- 림프드레니쥐 시행 시 터미누스를 포함한 목 주위 관리부터 시행하도록 함
- 림프드레니쥐 시행 시 압력은 약 30~40mm/Hg 정도가 적당함
- 압을 가하는 방향은 림프 흐름에 일치하여 시행하도록 함
- 매 동작을 시행할 때는 한 부위에서 5~7회 정도 반복 하도록 함

- 테크닉도 점점 변하여 6~10회로 횟수를 적용하는 경우도 있음
- 정지상태의 원동작이란 원형을 그리는 것이 아니라 터미누스(terminus)를 향하여 반원을 그리듯 펌핑한다.

## 3) 유의사항

- 손과 팔의 긴장감을 최소화함
- 조명은 너무 밝지 않고, 실내온도는 따뜻하게 하도록 함
- 일정한 속도로 실시함
- 손동작은 가볍고 정확하게 리듬감 있게 관리하도록 함
- 림프드레니쥐는 모든 관리 단계가 끝난 후에 관리하도록 함
- 피시술자의 건강상태와 피부상태를 정확히 판단 한 후에 관리하도록 함
- 악성질환과 모든 급성 염증질환이 있는 경우 관리하지 않도록 함
- 색전증, 혈전증, 우측 심부전으로 인한 심부종, 임산부의 경우 관리하지 않도록 함
- 관리시 리듬이 깨지기 쉬우므로 음악은 틀지 않도록 함
- 마지막 단계에는 냉wet cotton 등을 이용하여 모공수렴을 돕도록 함

## 4) 기법

### [목부위]

① 목 쓰다듬기

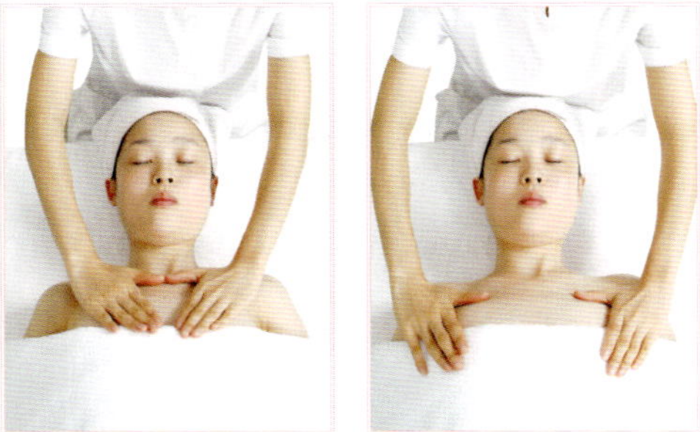

② 경부림프절(profundus → middle → terminus)

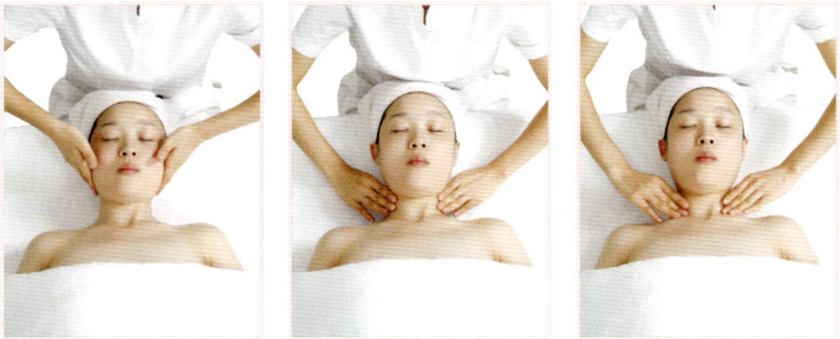

※ profundus, middle : $f_2$～$f_5$
terminus : $f_3$～$f_4$를 이용해 약하게 밀어 넣어주기

③ 후두

④ 하악

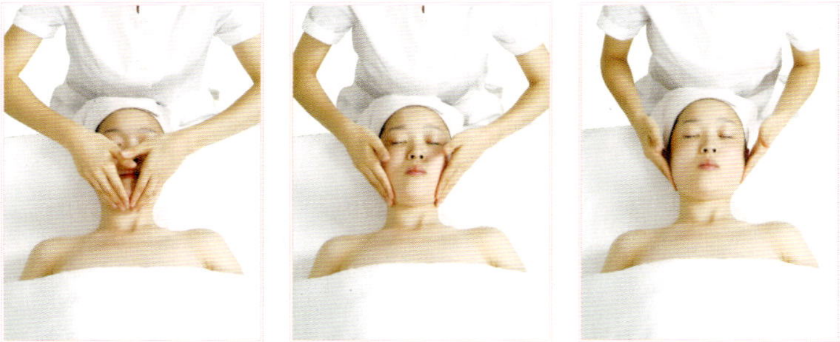

⑤ 포크기법

⑥ 어깨/승모근

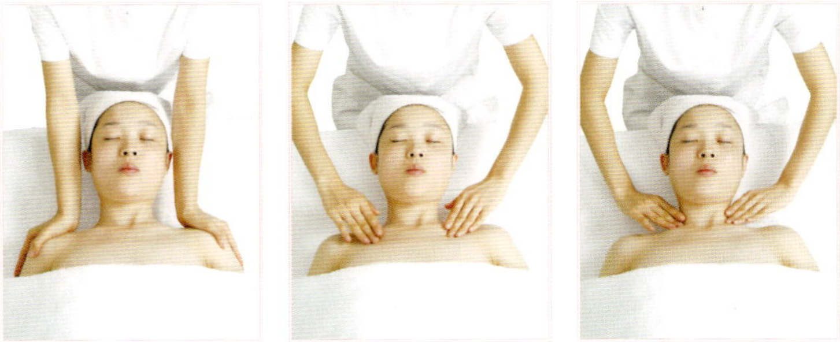

⑦ 어깨/견봉

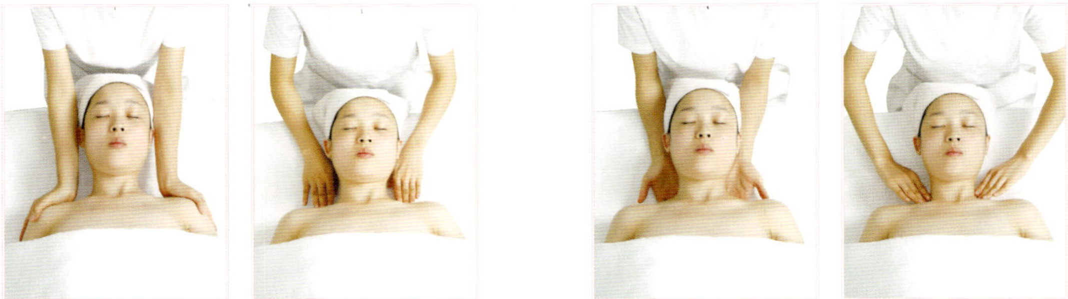

⑧ 경부림프절(profundus → middle → terminus)

⑨ 마무리 쓰다듬기

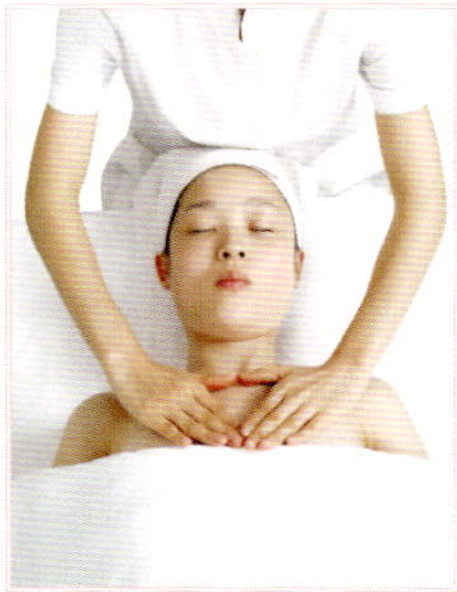

※ profundus, middle : $f_2$~$f_5$
terminus : $f_3$~$f_4$를 이용해 약하게 밀어 넣어주기

[얼굴부위]

① 하악부위

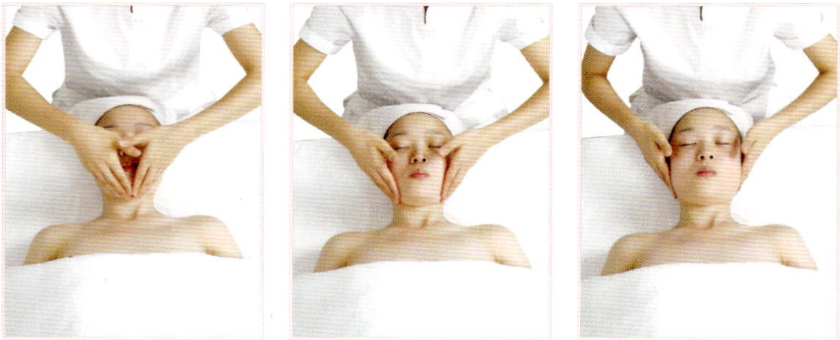

② 윗입술부위

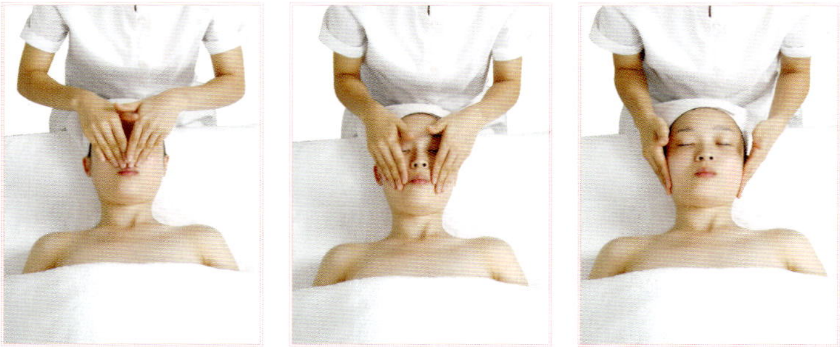

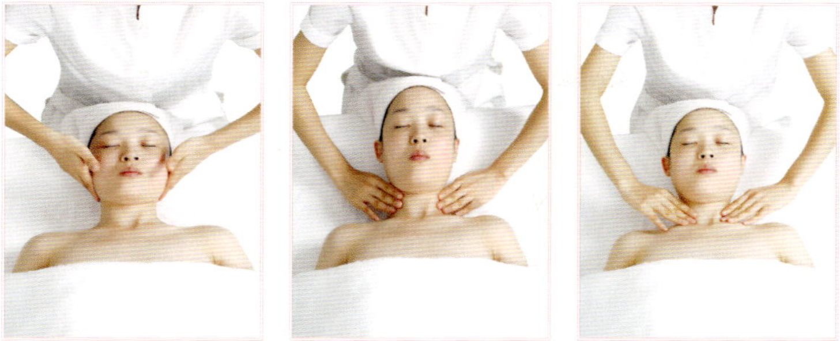

③ 코부위

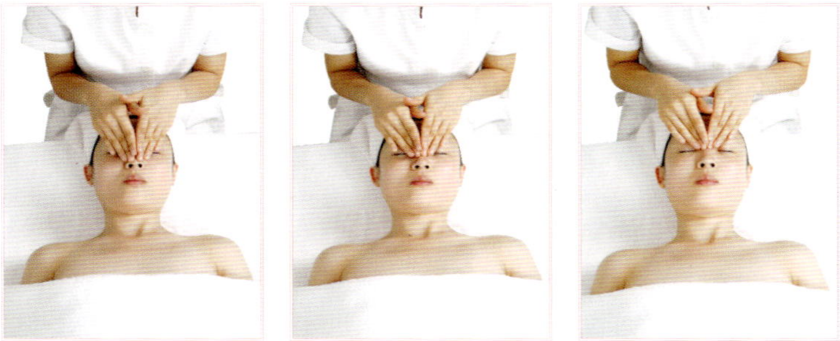

④ 안면 주요 림프절 방향으로 보내주기

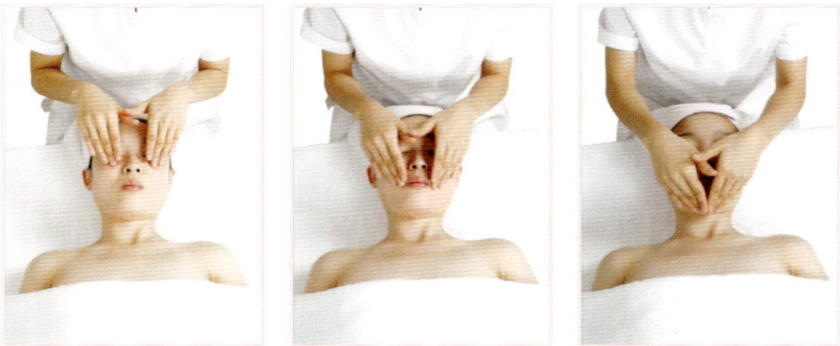

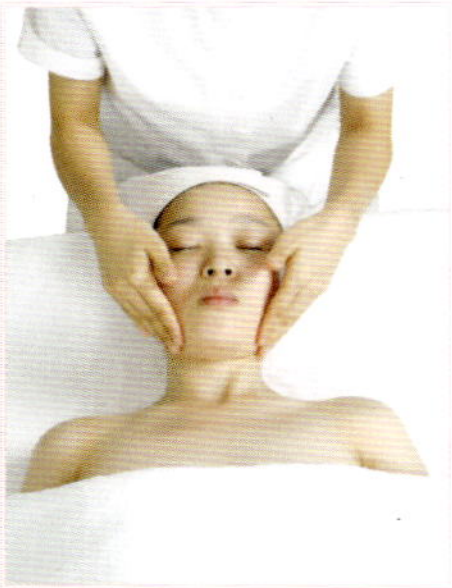
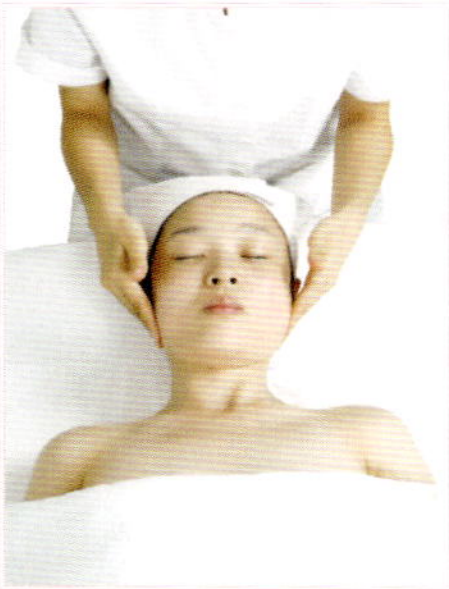

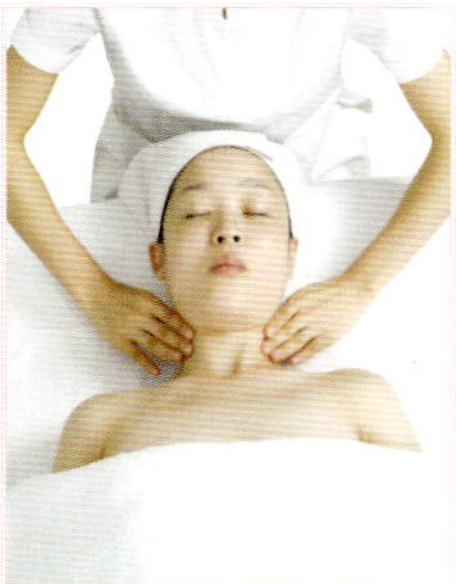
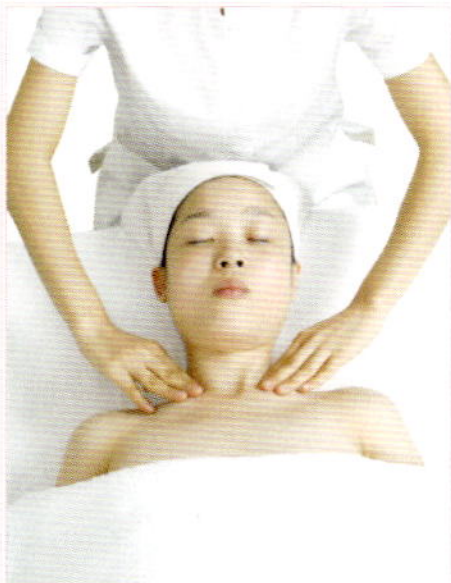

⑤ 눈부위

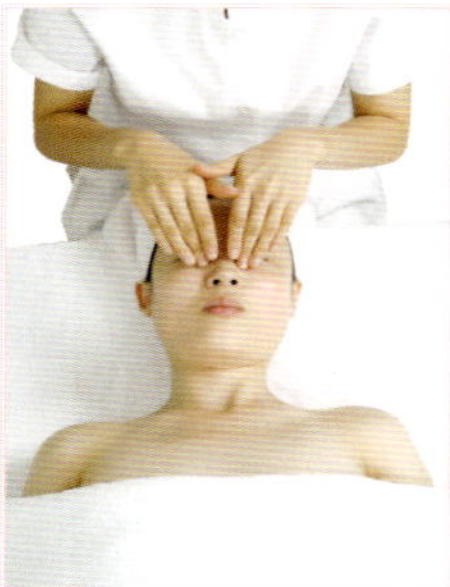
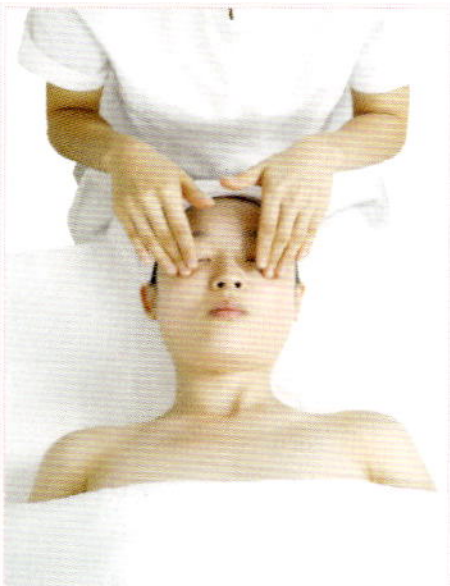
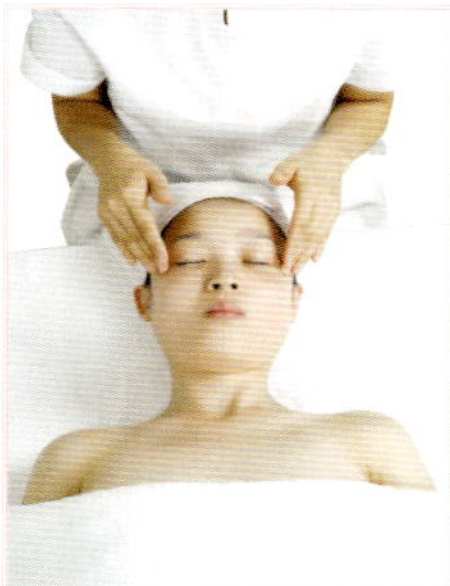
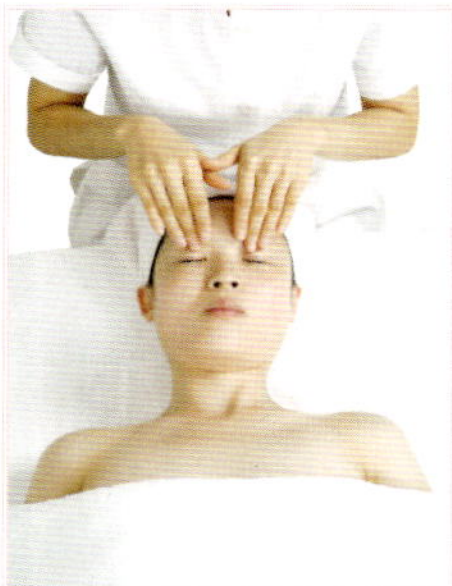

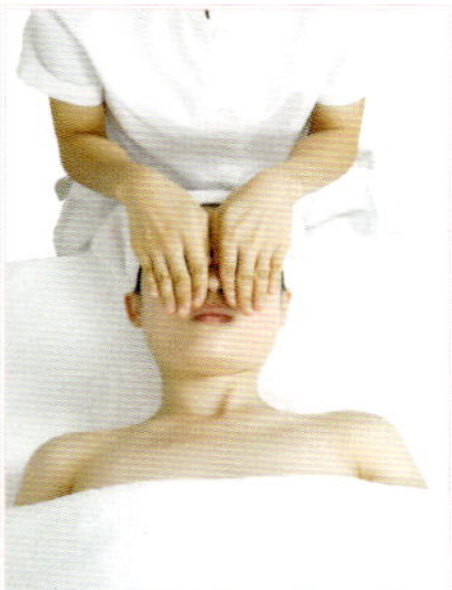
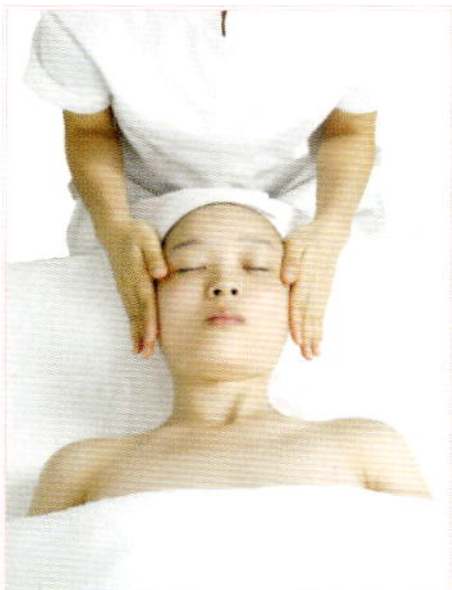

⑥ 눈썹부위

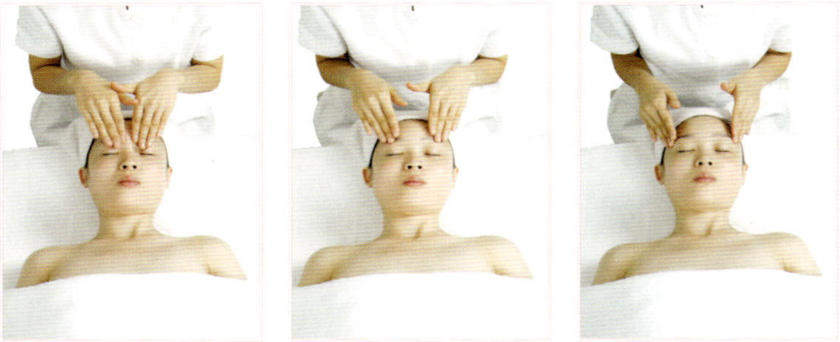

⑦ 이마부위

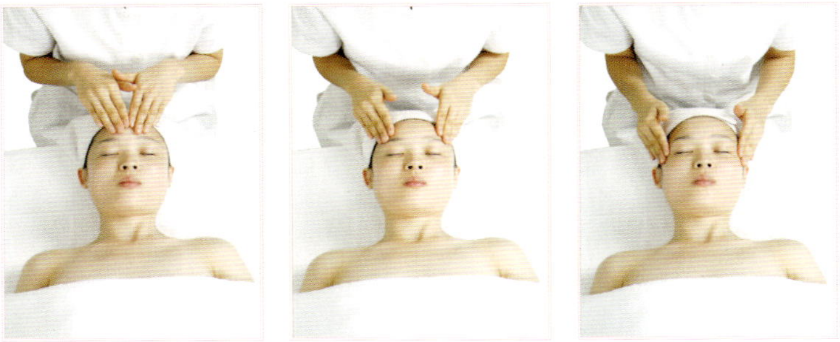

⑧ 안면 측면부위

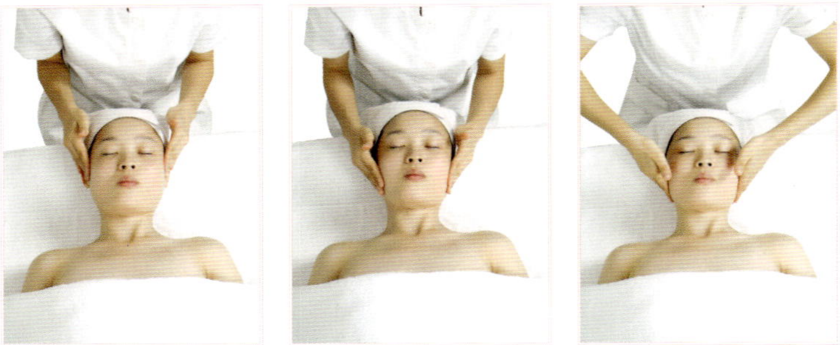

⑨ 프로펀더스(profundus)

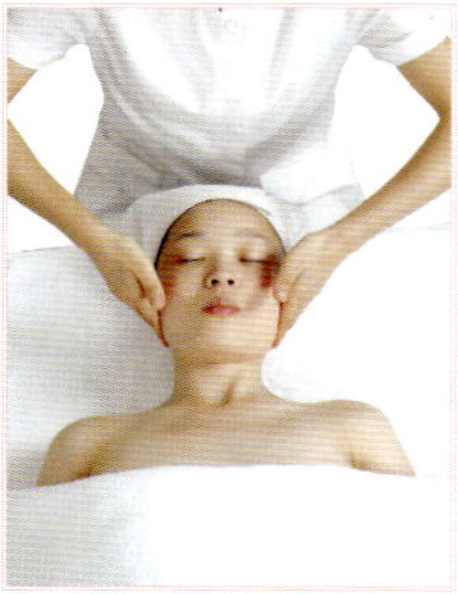

⑩ 경부림프절(profundus → middle → terminus)

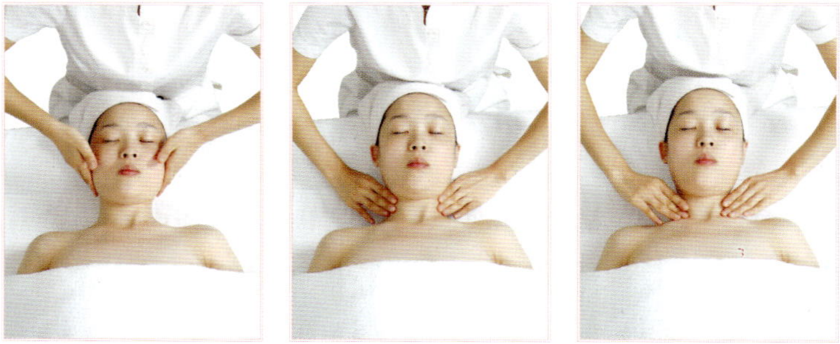

※ profundus, middle : $f_2 \sim f_4$
terminus : $f_3 \sim f_4$를 이용해 약하게 밀어 넣어주기

⑪ 쓰다듬기

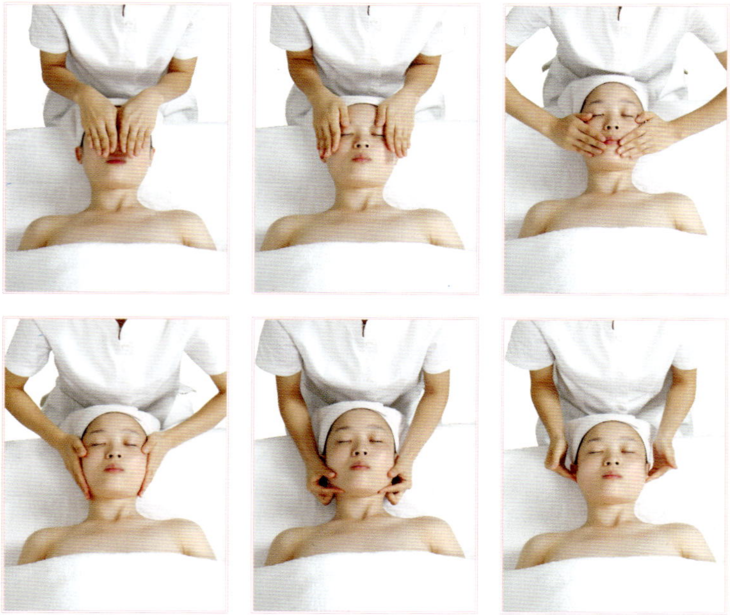

# Ⅳ 전체관리 후 마무리

## 1. 피부관리 후 마무리 방법

· 피부관리의 효과를 지속하고 피부를 보호하도록 함
· 고객의 근육을 풀어주어 장시간 베드에 누워있었던 불편함을 최소화 하도록 함
· 마무리 동작을 정성 들여 조심스럽게 하도록 함
· 근육을 풀어줄 때 무리가 가지 않도록 조심스럽게 풀어주도록 함
· 고객에 따라 압의 세기를 조절하고 리듬감 있게 하도록 함

## 2. 피부미용실에서 고객을 위한 마무리

· 고객에게 따뜻한 물을 마시게 하여 순환을 돕도록 함
· 탈의실과 파우더룸으로 안내하도록 함
· 고객 소지품을 점검해 주도록 함
· 관리내용을 고객 카드에 기록하고 다음 관리 예약스케줄을 기록하도록 함
· 고객 신발을 정돈한 후 예의 바르게 응대하도록 함
· 관리 후 서비스 만족도에 대한 상담전화로 고객 후 관리에 신경 쓰도록 함
· 관리후 베드, 정리대 및 기기, 제품등의 주변정리를 깨끗하게 하여 위생적인 환경을 만들도록 함
· 사용한 소모품은 세척 후 자외선 소독기에 건조한 후 정리대에 정리하도록 함

# ※ 미용사(피부) 실기시험 공개 문제(2008. 10. 17)

2008년 시행되는 미용사(피부) 종목 공개문제 최종 공지입니다.

## 1. 모델의 자격 제한 조건 완화

- 눈썹 또는 아이라인 등의 성형을 한 자 → 눈썹성형을 한 자
  (아이라인과 립라인을 하신 분은 모델이 가능합니다.)

## 2. 유의사항의 일부 수정(과제 및 세부 과제 내용의 변경은 없음)

- 전체 과제시간내 작업을 완료하지 못한 경우 과제 전체 0점 → 세부과제시간내 작업을 완료하지 못한경우 세부과제 0점

## 3. 지참 재료 내 일부 내용 변경

- 쓰레기통 및 비닐을 비닐봉지 2장으로 변경(쓰레기처리용 비닐 및 온장고 습포 보관용 비닐 각 1장씩)
- 기타 내용 및 수량의 변경은 없으며 기 안내에 맞게 정렬
- 매뉴얼 테크닉용 크림과 오일은 크림(facial), 오일(body) 외에 공용을 가져와도 무방함

자세한 내용은 첨부된 공개 문제_Vol. 2.1를 참고하시기 바라며 이와 관련하여 공지사항 내 FAQ도 업데이트 되었으니 확인 부탁드립니다.

# ※ 미용사(피부) 실기시험 공개 문제

1. 등급 : 기능사
2. 시험시간 : 2시간(순수시험시간)
3. 문제 수 : 1문제(3과제)
4. 공개내역 : 요구사항, 유의사항, 지급재료, 수험자 지참도구 및 재료목록

## ※ 모델의 자격조건

### 1. 필수 조건

① 만 18세 이상부터 50세 미만의 신체 건강한 남, 여
② 사전에 수험자에게 작업에 요구되는 노출 정도에 대한 내용을 듣고 이에 대한 동의를 한 자
③ 국가기술자격 미용사(피부) 모델로 필요한 내용 및 절차에 대한 동의서를 제출한 자(시험장에서 동의서 작성)

### 2. 모델 불가 조건

① 심한 민감성 피부 혹은 심한 농포성 여드름이 있는 자
② 눈썹성형을 한 자
③ 무모증이 있어 제모시술이 불가능한 자
④ 성형수술(코, 눈, 턱 윤곽술, 주름제거 등) 후 6개월 이내인 자
⑤ 임신 중인 자
⑥ 피부미용에 제한을 받는 피부질환을 가진 자
⑦ 암환자

### 3. 기타

① 여성 수험자는 여성모델, 남성 수험자는 남성 모델 대동
② 기본적인 화장(파운데이션, 마스카라, 아이라인, 아이섀도우, 적색계역의 입술화장)을 하여야 한다.
※ 단, 남성모델의 경우 시험장에서 화장 가능(화장품 지참할 것)
※ 기타 사항은 본 공단 홈페이지 공지사항의 미용사(피부)관련 FAQ를 참조하십시오.

# ※ 국가기술자격검정 실기시험문제

| 자격종목 | 미용사(피부) | 작업명 | 얼굴관리 및 피부분석표 작성 |
|---|---|---|---|

○ 제1과제 : 얼굴관리 및 피부분석표 작성
○ 시험시간 70분(준비작업시간 및 위생 점검시간 제외)

## 1. 요구사항

※ 다음과 같이 준비 작업을 하시오.

1. 작업 전 화장품 및 사용 재료를 작업에 편리하도록 작업대에 정리한다.
2. 베드는 시트 혹은 대형 수건을 미리 세팅하고, 모델을 그 위에 누워있게 하되 작업에 적합하도록 복장 및 헤어밴드를 착용하도록 한다.
3. 베드 세팅, 장비 및 재료의 준비, 개인 및 기구 소독을 한 다음 감독위원이 점검할 때까지 대기한다.

※ 아래 과정에 따라 모델에게 피부미용 작업을 하시오.

| 순서 | 작 업 명 | 요 구 내 용 | 시간 | 비 고 |
|---|---|---|---|---|
| 1 | 클렌징 | 적합한 제품을 이용하여 포인트 메이크업을 지우고 안면을 클렌징 한 후, 코튼 또는 해면을 이용하여 제품을 제거하고, 피부를 정돈하시오. | 10분 | |
| 2 | 피부분석표 작성 | 주어진 피부분석표를 이용하여 모델의 피부를 확인하고 피부타입을 판별한 후, 피부관리 계획을 작성하시오. | 15분 | |
| 3 | 눈썹정리 | 족집게와 가위를 이용하여 얼굴형에 맞는 눈썹 모양을 만들고, 보기에 아름답게 눈썹을 정리하시오. | 15분 | 뽑은 눈썹은 감독확인 후 버릴 것 |
| 4 | 딥클렌징 | 스크럽, AHA, 고마쥐, 효소의 4가지 타입 중 모델의 피부에 적합한 제품을 선택하고, 각 제품에 맞는 방법을 이용하여 얼굴부위에만 딥클렌징 한 후, 피부를 정돈하시오. | | |

| 자격종목 및 등급 | 미용사(피부) | 작업명 | 얼굴관리 및 피부분석표 작성 |
|---|---|---|---|

| 순서 | 작 업 명 | 요 구 내 용 | 시간 | 비 고 |
|---|---|---|---|---|
| 5 | 손을 이용한 관리 (매뉴얼테크닉) | 화장품(크림 또는 오일타입)을 관리할 부위에 도포하고, 기본 동작을 적절하게 사용하여 관리한 후, 피부를 정돈하시오. | 15분 | |
| 6 | 팩 및 마무리 | 팩을 위한 기본 전처리를 실시한 후, 피부타입에 적합한 제품을 선택하여 얼굴및 쇄골아래 3cm 정도까지 적당량을 도포하고, 일정시간 경과 후 팩을 제거한 다음 피부를 정돈하시오. | 15분 | 팩을 도포한 부위는 코튼으로 덮지 말 것 |

## 2. 수험자 유의사항

1. 수험자는 반드시 위생복, 마스크 및 실내화를 착용하여야 하며, 복장 등에 소속 등을 나타내거나 암시하는 표시가 없어야 한다. (전 과제 공통 사항)
2. 수험자는 수험 중에 지정된 자리를 이탈하거나 다른 수험자와 대화 등을 할 수 없으며, 질문이 있는 경우는 손을 들고 감독위원이 올 때 까지 기다린다. (전 과제 공통 사항)
3. 클렌징 시 사용되는 해면과 코튼은 반드시 새것을 사용하고 과제 시작 전 사용에 적합한 상태를 유지하도록 미리 준비한다. (전 과제 공통 사항)
4. 수험자는 작업에 필요한 습포를 시험 시작 전 미리 준비하여야 하며, 시험 중 시험장소를 벗어날 수 없다. (전 과제 공통 사항)
5. 필요시 각 단계에 따른 마무리(습포, 토닝 정돈 등)를 하며 이때 잔여물이 남지 않도록 해야 한다. (전 과제 공통 사항)
6. 모델은 반드시 화장(파운데이션, 마스카라, 아이라인, 아이쉐도우, 적색계열의 입술화장등)이 되어 있어야 한다(남자모델의 경우도 동일).
7. 얼굴 관리 대상부위를 제외한 나머지 부위는 노출이 없도록 모델용 가운 혹은 수건 등으로 덮어둔다(단, 팔은 노출이 가능하다).
8. 관리 계획표는 미용사(피부) 국가기술자격 시험에 맞는 시술방법이 아니라 실제 현장에서의 피부관리 작업이라고 가정하고 작성한다.
9. 필기도구는 흑색 및 청색 볼펜만을 사용하여 작성한다.
10. 팩과 딥클렌징 제품을 제외한 제품은 올 스킨타입을 사용한다.

11. 팩은 피부타입에 따라 크림 혹은 젤 타입을 선택하여 사용하고, 붓 또는 스파튤라를 사용하여 시술 부위에 도포한다.
12. 손을 이용한 피부관리 시 기본 동작이 적절히 사용되어야 하며 속도 및 강약조절, 밀착감, 리듬감 및 유연성이 있어야 한다.
13. 세부과제시간 내에 모든 작업과 마무리 작업을 끝내야 하며, 시험시간을 초과하여 작업하는 경우는 당해 세부과제를 0점 처리한다.

| 자격종목 | 미용사(피부) | 작업명 | 팔, 다리 관리 |
|---|---|---|---|

○ 제2과제 : 팔, 다리 관리
○ 시험시간 : 30분(준비작업시간 제외)

## 1. 요구사항

※ 팔, 다리 관리를 하기 위한 준비작업을 하시오

1. 화장품 및 사용 재료는 작업에 편리하도록 작업대에 정리한다.
2. 모델을 시술에 적합하도록 준비하고 베드위에 누워서 대기하도록 한다.
3. 제모 부위의 체모가 긴 경우, 제모하기에 적합한 길이로 자른다.

※ 아래 과정에 따라 감독위원이 지정하는 2개 부위에 피부미용 작업을 하시오.

| 순서 | 작 업 명 | 요 구 내 용 | 시간 | 비 고 |
|---|---|---|---|---|
| 1 | 클렌징 | 모델의 오른쪽 팔, 오른쪽 다리(앞 부위)에 화장수를 사용하여 관리 부위를 가볍고 신속하게 닦아내시오. | 20분 | |
| 2 | 손을 이용한 관리<br>(매뉴얼 테크닉) | 관리 부위에 화장품(크림 혹은 오일타입)을 도포하고, 기본 동작을 적절하게 사용하여 관리하시오. | | |
| 3 | 제모 | 왁스 워머에 데워진 핫 왁스를 필요량만큼 용기에 덜어서 시술에 사용하고, 다리 하퇴 외측면 부위에 왁스를 부직포 길이에 적합한 면적만큼 도포한 후, 체모를 제거하고 제모 부위의 피부를 정돈하시오. | 10분 | |

| 자격종목 및 등급 | 미용사(피부) | 작업명 | 팔, 다리 관리 |
|---|---|---|---|

## 2. 수험자 유의사항

1. 관리 대상부위를 제외한 나머지 부위는 노출이 없도록 모델용 가운 혹은 수건 등으로 덮어둔다.
2. 손을 이용한 피부관리 시 기본 동작이 적절히 사용되어야 하며 밀착감, 속도 및 강약조절, 리듬감 및 유연성이 있어야 한다.
3. 제모는 다리 한쪽만 실시하며, 부직포를 떼어낸 후 왁스 작업한 부위에 체모가 완전히 제거되지 않았을 경우 족집게 등으로 잔털 등을 제거한다.
4. 제모는 7×20cm 정도의 부직포를 이용하여 작업할 수 있을 정도의 부위를 제모하여야 한다.
5. 세부과제시간 내에 모든 작업과 마무리 작업을 끝내야 하며, 시험시간을 초과하여 작업하는 경우는 당해 세부과제를 0점 처리한다.

| 자격종목 | 미용사(피부) | 작업명 | 림프를 이용한 피부관리 |
|---|---|---|---|

○ 제3과제 : 림프를 이용한 피부관리
○ 시험시간 : 20분(준비작업시간 제외)

## 1. 요구사항

※ 준비작업

1. 화장품 및 사용 재료는 작업에 편리하도록 작업대에 정리한다.
2. 모델을 작업에 적합하도록 준비한다.

※ 아래 순서에 따라 모델에게 피부미용 작업을 실시하시오.

| 순서 | 작업명 | 요구내용 | 시간 | 비고 |
|---|---|---|---|---|
| 1 | 림프를 이용한 피부관리 | 적절한 압력과 속도를 유지하며 목과 얼굴부위에 림프절 방향에 맞추어 피부관리를 실시하시오. | 20분 | |
| 2 | 마무리 및 위생관리 | 관리부위에 대한 마무리와 주변 정리 등의 위생관리를 하시오. | | |

## 2. 수험자 유의사항

1. 관리 대상부위를 제외한 나머지 부위는 노출이 없도록 모델용 가운 혹은 수건 등으로 덮어둔다(단, 팔은 노출이 가능하다.).
2. 작업 전 관리부위에 대한 클렌징 작업은 하지 않는다.
3. 관리 순서는 목 부위부터 시작하고, 림프절 방향으로 관리하며, 림프절의 방향에 역행되지 않도록 주의한다. 적절한 압력과 속도를 유지하고, 정확한 부위에 실시한다.
4. 시간 내에 모든 작업과 마무리 작업, 주변정리정돈을 끝내야 하며, 시험시간을 초과하여 작업하는 경우는 당해 과제를 0점 처리한다.

## ※ 지급재료 목록

| 지급재료 | | | 자격종목 및 등급 | 미용사(피부) | |
|---|---|---|---|---|---|
| 일련번호 | 재료명 | 규격 | 단위 | 수량 | 비고 |
| 1 | 핫왁스 | 400~500ml | 개 | 1 | 7인당 1개 |

## ※ 수험자 지참 공구목록

| 일련번호 | 지참 공구명 | 규격 | 단위 | 수량 | 비고 |
|---|---|---|---|---|---|
| 1 | 위생복 | 흰색 | 벌 | 1 | 관리사 가운 |
| 2 | 실내화 | 흰색 | 켤레 | 1 | |
| 3 | 마스크 | 흰색 | 개 | 1 | |
| 4 | 대형타월 | 100 x 180cm, 흰색 | 장 | 2 | 베드용, 모델용 |
| 5 | 중형타월 | 65 x 130cm, 흰색 | 장 | 1 | |
| 6 | 소형타월 | 35 x 80cm, 흰색 | 장 | 5 | 습포, 건포용 |
| 7 | 헤어밴드(터번) | 벨크로(찍찍이)형 | 개 | 1 | |
| 8 | 여성모델용 가운 및 겉가운 | 밴드(고무줄, 벨크로)형<br>일반형(겉가운) | 벌 | 1 | 분홍색 or 흰색 |
| 9 | 남성모델용 옷 | 박스형반바지 &<br>T-셔츠 | 벌 | 1 | 하의-베이지 or 남색<br>상의 - 흰색 |
| 10 | 모델용 슬리퍼 | | 켤레 | 1 | |
| 11 | 필기도구 | 볼펜 | 자루 | 1 | 검은색 혹은 청색 |
| 12 | 알코올 및 분무기 | | 개 | 1 | |
| 13 | 일반솜 | | 봉 | 1 | |
| 14 | 정리대 | 웨건/trolley | 개 | 1 | 지참희망자에 한함 |
| 15 | 비닐봉지 | 소형 | 개 | 2 | 쓰레기처리, 습포보관 |
| 16 | 미용솜 | | 통 | 1 | |
| 17 | 면봉 | | 봉 | 1 | |
| 18 | 티슈 | | 통 | 1 | |
| 19 | 붓 | | 개 | 2 | 클렌징, 팩용 |
| 20 | 해면 | | 세트 | 1 | |
| 21 | 스파튤라 | | 개 | 3 | 클린징, 팩용 |
| 22 | 보울(bowl) | | 개 | 3 | 클렌징, 팩 등 |
| 23 | 가위 | 소형 | 개 | 1 | 눈썹정리, 제모 |

| 일련번호 | 지참 공구명 | 규격 | 단위 | 수량 | 비고 |
|---|---|---|---|---|---|
| 24 | 족집게 | | 개 | 1 | 눈썹정리, 제모 |
| 25 | 브러시 | | 개 | 1 | 〃 |
| 26 | 거즈 | | 장 | 1 | 팩용(패드용) |
| 27 | 아이패드 | | 개 | 2 | 팩용(거즈나 화장솜으로 가능) |
| 28 | 나무 스파튤라 | | 개 | 1 | 제모용 |
| 29 | 부직포 | 7 x 20cm | 장 | 1 | 〃 |
| 30 | 장갑 | 라텍스 | 켤레 | 1 | 〃 |
| 31 | 종이컵 | 100ml | 개 | 1 | 〃 |
| 32 | 보관통 | 컵형 | 개 | 2 | 스파튤라, 붓 등 |
| 33 | 보관통 | 뚜껑 달린 통 | 개 | 2 | 알코올 솜 등 |
| 34 | 해면볼(대야) | 소형 | 개 | 1 | |
| 35 | 바구니 | | 개 | 2 | 정리용 사각 |
| 36 | 효소 | | 개 | 1 | 딥 클린징용 |
| 37 | 고마쥐 | | 개 | 1 | 〃 |
| 38 | AHA | 함량 10% 이하 | 개 | 1 | 〃 |
| 39 | 스크럽제 | | 개 | 1 | 〃 |
| 40 | 팩 | 크림 타입 | set | 1 | 피부 타입별 |
| 41 | 스킨토너(화장수) | | 개 | 1 | 모든 피부용 |
| 42 | 크림(공용) | 매뉴얼테크닉용 | 개 | 1 | 〃 |
| 43 | 오일(공용) | 〃 | 개 | 1 | 〃 |
| 44 | 탈컴 파우더 | | 개 | 1 | 제모용 |
| 45 | 진정로션 혹은 젤 | | 개 | 1 | 〃 |
| 46 | 영양크림 | | 개 | 1 | 모든 피부용 |
| 47 | 아이 및 립크림 | | 개 | 1 | 〃(공용사용) |
| 48 | 메이크업 리무버 | 아이, 립 | 개 | 1 | 모든 피부용 |
| 49 | 클렌징 제품 | 얼굴 등 | 개 | 1 | 〃 |
| 50 | 모델 | | 명 | 1 | |

※ 타올류의 경우는 비슷한 크기이면 무방합니다. ※ 기타 필요한 재료의 지참은 가능합니다.

※ 팩과 딥클렌징용 제품을 제외한 다른 모든 화장품은 모든 피부용을 지참하십시오.

※ 바구니의 경우 정리대(웨곤)가 없는 시험장에서만 사용됩니다.

※ 부직포는 지정된 길이에 맞게 미리 잘라서 오시면 됩니다.

※ 재료에 관련된 자세한 사항은 홈페이지(www.hrdkorea.or.kr) 공지사항의 FAQ를 참고로 하십시오.

## ※ 미용사(피부) 공개문제 관련 FAQ(Vol. 1.3)

### Q1. 미용사(피부) 실기 공개문제는 어디서 확인할 수 있습니까?

A1. 한국산업인력공단 홈페이지(www.hrdkorea.or.kr)의 "정보마당 → 일반자료 → 공개문제/출제기준", 검정포탈사이트 큐넷(www.q-net.or.kr)의 "자격 및 출제정보 → 공개문제/출제기준" 항목에서 확인하실 수 있습니다.

### Q2. 미용사(피부) 실기시험은 과제 구성이 어떻게 됩니까?

A2. 미용사(피부) 실기시험은 공개된 바와 같이 1과제 「얼굴관리 및 피부분석표 작성」, **2과제 「팔, 다리관리」, 3과제 「림프를 이용한 피부관리」**의 순으로 구성되어 시험이 시행됩니다. **2과제는 전신관리에서 신체각 부위(팔, 다리 등)관리로 분류가 변경되었으며, 시험문제는 팔과 다리만 한정되어 출제됩니다. 공개과제는 매년 말 수정사항에 의하여 새로 등재되므로 정기적으로 확인을 하셔야 합니다.**

### Q3. 과제별 시험 시간은 어떻게 됩니까?

A3. 시험시간은 전체 2시간(순수작업시간 기준)이며, 각 과제별 시간은 1과제 70분, 2과제 30분, 3과제 20분입니다.

### Q4. 기본 준비작업은 어떻게 해야 하나요?

A4. 과제 시작 전에 준비작업시간을 따로 부여하며, 이때 과제에 필요한 작업물과 도구, 베드 등을 작업에 적합하게 준비한 다음 대기하고 있으면 됩니다. 모델은 바로 작업이 가능한 상태로 되어있어야 하며, 눕혀서 대기하면 됩니다.

### Q5. 손을 이용한 피부관리와 마사지는 어떤 차이가 있나요?

A5. 미용사(피부)의 피부관리는 마사지라는 용어를 사용하지 않습니다. 시중의 마사지와 손을 이용한 피부관리(매뉴얼 테크닉)은 목적하는 바가 분명히 다릅니다. 피부미용에서의 손을 이용한 피부관리는 원칙적으로 화장품 등의 물질의 원활한 도포 및 그것을 돕기 위한 일련의 손 동작을 의미하며 근육을 강하게 누르거나 마사지하여 일정 부위를 자극하거나 쾌감을 유도하는 일련의 마사지 법과는 분명한 차이가 있습니다.

### Q6. 피부분석표 및 피부관리계획표의 작성은 어떻게 하나요?

A6. 모델을 대상으로 피부를 만지거나, 피부를 보는 등의 행위를 통해 피부분석표와

피부관리 계획표를 작성하게 됩니다(모델과 이에 대한 대화는 금지됩니다.). 피부분석표 및 피부관리 계획표의 기재사항은 아래와 같으며 서식은 공개되지 않습니다.

※ 피부분석표 - "피부결, 피부보습정도, 피비량, 모공크기, 혈액순환정도, 색소침착내역, 피부탄력도, 여드름, 피부민감도, 피부주름, UV예민도, 피부타입, 피부상태 등"

※ 피부관리계획표 - "클렌징제품 타입, 딥클렌징 타입, 매뉴얼테크닉제품타입, 매뉴얼테크닉관리형태, 마스크/팩 작업 종류 등"

## Q7. 눈썹정리 시 뽑은 눈썹은 어떻게 하나요?

A7. 눈썹정리 시 제거한 눈썹은 옆에 티슈에 올려놓았다가 감독위원의 지시에 따라 휴지통에 버리시면 됩니다.

## Q8. 팔, 다리 관리 부위는 어떻게 되나요?

**A8. 공개된 것처럼 오른 쪽 팔과 오른 쪽 다리 부위 총 2부위를 대상으로 하게 됩니다. 팔은 전체를 관리대상으로 하고, 다리의 경우는 앞부분이 관리대상이 됩니다.**

## Q9. 제모는 어떻게 하나요?

A9. 제모는 제공되는 왁스를 종이컵에 덜어가서 사용하여 작업하면 됩니다. 제모작업의 작업 부위는 하퇴외측면부위이며 액와(겨드랑이)부위는 제외됩니다. 제모 면적은 수험자 지참 재료인 부직포(7×20cm)에 적합한 정도이면 됩니다.

## Q10. 림프를 이용한 관리는 어떻게 하나요?

**A10. 림프를 이용한 관리는 시술 부위는 얼굴과 목을 대상으로 하며 림프절을 따라 손을 이용하여 피부관리를 하면 됩니다.**

## Q11. 시중의 피부관리실 등을 보면 업소에 따라 피부관리하는 방법이 상당히 다르고 또 업소나 사람마다 행하는 시술법이 다른 것 같은데 어떤 것을 기준으로 하게 되나요?

A11. 현재 시행될 미용사(피부)는 기능사 등급의 시험입니다. 즉 피부미용사의 업무를 행하기 위한 기본적인 동작과 시술을 보는 것이기 때문에 화려한 테크닉이나 특별한 시술법을 요구하지 않습니다. 손을 이용한 피부관리는 기본 동작의 정확도, 연결성, 리드미컬한 움직임 등 기본 동작과 자세 등을 가장 중점으로 채점하는 것을 기본방향으로 하고 있습니다.

### Q12. 시험 시 검정장에서 제공되는 것은 무엇이 있나요?

A12. 공통으로 사용되는 기자재(왁스 워머, 온장고 등)와 베드 등은 검정장에서 준비가 됩니다. 지참 시 필요한 준비물은 공개문제 혹은 기능5회 원서 접수 시에 www.Q-net.or.kr에서 확인이 가능합니다.

### Q13. 모델은 직접 데리고 와야 하나요?

A13. 모델의 경우도 미용사(일반)와 동일하게 수험자가 대동을 하고 와야 합니다. 단, 자신이 데려온 모델을 관리할 수 없고 랜덤하게 선정이 됩니다. 그렇기 때문에 시험장에서 모델에게 필요한 준비물(가운, 슬리퍼 등)은 모델에게 미리 주셔야 합니다.

### Q14. 모델의 조건은 어떻게 되나요?

A14. 모델은 기본적으로 메이크업을 하고 와야 하며, 모델에 따른 편차를 줄이기 위해 **만 18세 이상부터 50세 미만**의 나이제한이 있습니다. 그리고 심한 민감성 피부 혹은 심한 농포성 여드름이 있는 자, 눈썹 또는 아이라인 성형을 한 자, 무모증이 있어 제모시술이 불가능한 자, 성형수술(코, 눈, 턱윤곽술, 주름제거 등)한지 6개월 이내인자, 임신 중인 자, 피부질환을 가진 자, 암환자 등은 모델이 될 수 없습니다. 여성수험자는 여성모델을, 남성 수험자는 남성 모델을 준비하시면 되며 사전에 모델에게 작업에 요구되는 노출에 대한 동의를 받으셔야 합니다.

### Q15. 남자가 응시하게 되는 경우는 모델을 어떻게 해야 하나요?

A15. 남자의 경우는 남자응시생들만 따로, 남성 모델을 대상으로 피부관리를 하게 됩니다. 그리고 모델은 기본적으로 화장이 되어 있어야 하며, 만약 화장이 필요한 남성 모델의 경우 수검장의 대기실에서 모델조건에 맞는 화장을 할 수 있도록 할 예정이니 이를 위한 준비를 따로 하시면 됩니다.

※ 미용사(일반, 피부)에 관련된 기본 사항은 본 공단 홈페이지(www.hrdkorea.or.kr) 공지사항에 이미 공개되어 있는 미용사(피부) 관련 FAQ를 참고하시기 바랍니다.

※ 기타 공지 되지 않은 사항 중 안내가 필요한 사항은 추후 FAQ를 통해 안내하거나, 원서 접수시 q-net의 수험자지참재료목록을 통해 공지하겠습니다.

※ 추후 공지되는 사항은 본 공단 홈페이지를 통해 확인하실 수 있습니다.

# ※ 미용사(피부) 공개문제 관련 FAQ(Vol. 2)

## - 재료관련 사항-

2008년 6월 30일 공개된 미용사(피부) 실기시험 문제에 대한 재료관련 공통 질의 사항을 정리하여 알려드립니다.

### Q1. 위생복(관리사 가운)과 실내화는 어떤 것으로 준비해야 합니까?

A1. 위생복은 현재 미용사(일반)에서 사용하고 있는 흰색 의사 가운 같은 것으로 반팔로 준비하시면 되며, 하의는 바지를 입으시되 역시 색을 통일하시면 됩니다. 실내화도 역시 미용사(일반)에서 사용하는 앞이 트이지 않은 운동화 같은 실내화를 준비하면 되고 관리 작업상 굽이 있는 경우도 가능합니다.

### Q2. 타월은 어떻게 준비하고 또 사용용도는 어떤가요?

A2. 타월은 대, 중, 소로 지정된 사이즈(대형의 경우 10% 정도의 크기 차이는 무방합니다.)로 준비하시면 되며, 대형은 베드 깔개와 1,3과제에서의 모델을 덮는 용으로, 중형은 2과제에서 신체 부위를 가리는 용도 및 목 등 부위 받침용으로, 소형은 기타 및 습포용으로 사용하시면 됩니다. 수량은 대형과 중형은 지정된 수량을 준비하면 되고, 소형은 작업에 필요한 습포의 양에 따라 더 가져오셔도 됩니다. 그리고 대형의 경우 보통 피부미용업소에서 사용하는 베드용 타올의 폭을 가지는 것(100~135×180cm)도 무방합니다.

### Q3. 모델용 가운은 어떻게 준비하나요?

A3. 모델용 가운은 지정된 색의 가급적 무늬가 없는 것으로 준비하시면 되며, 작은 점무늬(일명 땡땡이)가 있는 정도는 허용합니다. 시중에 판매되고 모델용 가운이 밴드형과 벨크로(찍찍이)형이 주이므로, 목록에 벨크로 형도 추가됩니다(둘 중 하나를 준비하시면 됩니다.). 그리고 겉가운은 검정시설 상 모델 대기실과 검정장이 떨어져 있어 이동을 해야 하는 경우가 많으므로 이때 사용하는 것으로 색깔 역시 지정된 색 계통으로 일반 가운형을 준비하시면 됩니다.

### Q4. 남성 모델용 옷은 색상이 상하의 통일인가요?

A4. 남성 모델용 옷은 상의는 흰색, 하의는 베이지 혹은 남색으로 준비하시면 됩니다.

## Q5. 모델용 슬리퍼는 특별한 제한이 없나요?

A5. 모델용 슬리퍼는 특별한 제한은 없습니다.

## Q6. 알콜 및 분무기는 분무기에 알콜을 넣어오면 되는 건가요?

A6. 펌프식 혹은 스프레이식의 분무기에 알콜을 넣어오시면 되고 이것은 화장품, 기구 혹은 손 등의 소독시에 사용됩니다.

## Q7. 정리대는 반드시 가져가는 것이 좋나요?

A7. 기본적으로 검정장은 웨곤이 있는 곳으로 준비를 할 예정입니다. 그러나 없는 검정장이 생길 수도 있으므로 이 경우에는 책상을 기본적으로 지급할 예정입니다. 이 경우 책상위에는 과제에 사용되는 화장품과 기구 등을 올려 놓으면 되고, 준비물인 바구니(2개)에 해면 볼, 타월 등 나머지 필요품 등을 정리하여 두면 됩니다. 그리고 시험장에 웨곤이 준비된 경우에는 시험장의 것을 사용하는 것을 원칙으로 합니다(시험장에 없는 경우는 본인의 웨곤을 사용해도 가능함. 단 점수의 차이는 없음).

Q8. 미용솜과 일반솜은 무엇을 얘기하는 건가요?

A8. 미용솜은 일반 화장솜을, 일반솜은 탈지면(코튼)을 의미합니다. 둘 다 소독용 혹은 클린징용으로 사용됩니다.

## Q9. 보울과 대야는 어떤 사이즈를 준비하면 됩니까?

A9. 보울은 소형의 유리 혹은 플라스틱 볼을 준비하면 되고 화장품을 덜어서 사용하는 용도로 이용됩니다. 그리고 대야는 물을 떠놓거나 해면 볼로 사용됩니다. 대야의 경우는 대형 볼을 사용하셔도 됩니다.

## Q10. 팩 시 거즈와 아이패드는 어떻게 사용되고 준비하여야 합니까?

A10. 거즈는 팩에 얼굴 전체에 깔고 그 위에 팩을 도포하는 용도로 사용되는 것이 아니고, 팩이나 딥크린징 시 입술을 덮는 용으로 사용되는 거즈를 의미합니다. 아이패드도 역시 팩이나 딥크린징 시 눈을 덮는 용도로 사용되며, 상품화된 아이패드를 사용하시던지, 아니면 일반적으로 화장솜을 덮어서 사용하셔도 됩니다.

## Q11. 제모시의 부직포는 무엇이며 제시된 규격대로만 준비해야 합니까?

A11. 부직포는 제모시에 사용되는 머슬린 천으로 사용되는 용도의 종이(혹은 천)을 의미하며 일반적으로 롤로 말려서 상품화되어 판매되고 있습니다. 규격에 맞추어 준비해오시면 되고, 한 장만 사용하므로 그 크기의 부직포를 가지고 제모작업을 할 수 있을 정도로 제모부위를 정하시면 됩니다.

### Q12. 보관통의 재질은 반드시 금속이어야 하나요?

A12. 보관통의 재질은 금속, 플라스틱, 유리 모두 관계없이 준비하시면 됩니다.

### Q13. 딥클린징용 화장품 4가지를 모두 준비해야 하나요?

A13. 딥클린징 시에는 자신의 모델에 맞는 타입을 골라서 사용하시는 것이므로 목록의 4가지를 모두 준비해 오셔야 하며, 각각을 피부타입 별로 따로 더 많이 준비하실 필요는 없습니다. 이 중 효소는 가루를 물에 개어서 크림상으로 만들어 사용하는 것을 준비하셔도 무방합니다. AHA의 경우는 시중에 있는 제품 중에서 함량표시가 되어있는 것이 많지 않으므로 함유표시는 있되, 함량이 겉으로 표시 안 된 제품을 가져오시는 경우 함량을 확인하여 준비하시고 만약에 지정된 함량 이상의 것을 사용하였을 때 심한 트러블이 생기는 경우는 수험자에게 귀책이 돌아갈 수 있습니다.

### Q14. 팩은 어떤 피부타입을 준비하면 됩니까?

A14. 팩은 기본적으로 중성(정상), 지성, 건성의 3가지 피부타입을 기본으로 준비하시고 필요에 따라 수분 혹은 민감성 등의 기타 타입을 1~2가지 정도 더 준비하시면 됩니다. 그리고 팩은 기본적으로 크림 타입을 준비해 오시면 됩니다. 투명하여 팩의 도포 타입을 구별할 수 없는 것은 제외됩니다.

### Q15. 탈컴파우더는 베이비파우더를 준비해 와도 됩니까?

A15. 탈컴파우더를 사용하는 목적과 실제 효과가 베이비파우더와 유사하므로 베이비파우더로 대체하셔도 됩니다만 탈컴파우더를 권장합니다(이와 관련해서 감점 등은 없습니다.).

### Q16. 진정로션 혹은 젤 용으로 알로에 젤을 사용해도 됩니까?

A16. 일반적으로 알로에의 함유량이 높은 알로에 젤이 진정용으로 많이 사용되고 있으므로 가능합니다.

### Q17. 아이크림과 립크림은 같이 사용하는 경우가 많은데 같이 사용해도 되나요?

A17. 아이크림과 립크림은 각각 따로 준비하셔도 되고 같이 사용하셔도 됩니다.

### Q18. 메이크업 리무버와 클린징 제품이 혼동됩니다. 설명해 주세요

A18. 메이크업 리무버는 포인트 메이크업 리무버와 페이셜 클린저를 의미하며, 클린징 제품은 바디 클린징 제품으로 현재 시험에서는 알콜을 함유하고 있는 화장수 등으로 가볍게 닦아내는 클린징을 하라고 되어 있으므로 이에 필요한 화장품을 중비

하면 됩니다(추후 스크럽 및 클렌저를 사용하는 클린징을 요구하는 문제가 공개되는 경우에는 거기에 맞는 제품을 준비하면 됩니다.).

### Q19. 전신관리용 화장품은 오일타입만 사용됩니까?

A19. 전신관리용 화장품은 오일타입 및 크림타입 둘 다 사용이 가능합니다.

### Q20. 화장품은 어떤 형태로 가져와야 합니까?

A20. 화장품은 판매되는 제품으로 가져오시면 되고, 완제품으로 가져오시되 사용하시던 것도 무방합니다만 덜어오시는 것은 안됩니다. 그리고 외부 등에 관련된 화장품의 타입이나 용도 등이 프린트 혹은 스티커(제품회사에서 붙인)등으로 적혀져 있으면 됩니다. 모든 피부용의 경우 "all skin type 혹은 모든 피부용"이라고 적혀 있거나 모든 피부에 사용할 수 있다는 내용이 설명서 혹은 제품에 안내되어 있으면 됩니다.

### Q21. 기타 자신이 가지고 오고 싶은 도구를 가져오는 것은 가능한가요?

A21. 목록상의 재료의 수량을 더 가져오시는 것은 가능합니다. 그러나 개인 왁스 및 왁스 워머는 따로 전원이 준비되지 못하므로 불가능하고 베게 등은 타올로 대체 가능하므로 불필요하며, 면시트 등은 검정장의 시설에 따라 적용사항이 다를 수 있으니 불필요합니다. 기타 화장품 등은 더 가져오셔도 됩니다.

※ 재료는 문제의 변경이나 기타 다른 사유로 수량 및 품목 등이 변경될 수도 있으니 정기적인 확인을 부탁드립니다.

※ 미용사(피부) 국가기술자격 종목의 실기 공개문제는 한국산업인력공단 홈페이지(www.hrdkorea.or.kr)의 "정보마당 → 일반자료 → 공개문제/출제기준", 검정포탈사이트 큐넷(www.q-net.or.kr)의 "자격 및 출제정보 → 공개문제/출제기준" 항목에서 확인하실 수 있습니다.

※ 기타 공지 되지 않은 사항 중 안내가 필요한 사항은 추후 FAQ를 통해 안내하거나, 원서 접수시 q-net의 수험자지참재료목록을 통해 공지하겠습니다.

※ 추후 공지되는 사항은 본 공단 홈페이지를 통해 확인하실 수 있습니다.

# 참고문헌


개정4판 피부과학, 대한피부과학회 교과서 편찬위원회, 2001.

경락미용학, 조병각 외 3, 뷰티프라자, 2000.

경락원론, 박성기 외 13, 정문각, 2001.

림프드레니지, 김광옥 외, 수문사, 2001.

메디컬스킨케어, 김영미, 도서출판 임송, 2003.

메디컬스킨케어, 이승헌, 여문각, 2005.

모발 및 두피관리, 김민정 외 5, 예림, 2005.

모발과학, 최근희 외 11, 수문사, 2001.

미용 림프 드레니지, 김성중 외, 탑 메디오피아, 2005.

미용생화학, 박경환, 대학서림, 2006.

미용성형외과학, 이윤호, 군자출판사, 1998.

발관리 이론과 실기, 최정희, 함주옥, 임명의, 정담미디어, 2004.

발관리학, 강경호 외, 청구문화사, 2005.

베이직마사지테크닉, 김주연 외, 광문각, 2003.

살롱트리트먼트, 강신옥, 원윤경, 훈민사, 2004.

스웨디시 마사지, 남태열, 도서출판 예림, 2007.

실무를 위한 메디컬스킨케어, DMS교육부, 2006.

에스테틱 개론, 강수경, 청구문화사, 2000.

에스테틱 개론, 김봉인 외, 현문사, 2001.

에스테틱살롱트리트먼트, 김현주 외 다수, 도서출판 정담, 2000.

오행체질분석, 안남훈, 도서출판홀리즘, 2002.

임상메디컬스킨케어, 김봉인 외, 정담미디어, 2004.

최신미용경락, 김광옥 외 5, 청구문화사, 2007.

토털 메이크업, 김영희 외, 정문각, 2001.

피부과학, 박경환 외 2, 동화기술, 2005.

피부관리학, 강수경 외, 청구문화사, 2006.

피부미용학, 김춘자, 훈민사, 2003.

피부미용학, 한영숙 외, 청구문화사, 2008.

피부장벽, 이승헌 외 2, 여문각, 2004.

피부학, 한영숙 외 5, 정담미디어, 2005.

한국산업인력공단, http://www.hrdkorea.or.kr

홀리스틱경락관리학, Holism, 안남훈 외, 2006.

Advanced Face and Body Treatments for the Spa, Pamela Hill and Laura Todd, milady, 2008.

Aesthetics(피부관리이론과 실제), 김광옥 외, 도서출판 성화, 2003.

Aromatherapy. jimm harrison. milady, 2008.

Avanced face and body treatments for the spa. Pmela hill, R.N. Laura todd. Thomson, 2008.

Ayurveda Aromatherapy, Light Miller & Bryan Miller, Lotus Press, 1999.

Basic Aesthetics, 김광옥 외, 도서출판 성화, 2001.

Basic Clinical Massage Therapy, James Clay & David M. Pounds, Lippincott Williams & Wilkins, 2003.

Color Atlas and Synopsis of Clinical Dermatology, Thomas B. Fitzpatrick,Richard Allen Jonson, Klaus Wolff, Machiel K. Polano, Dick Suurmond, 1997.

Ensuring an Optimal Outcome in Skin Care, Pamela Hill, Thomson Delmar Learning, 2006.

Faces in make up, 천지연 외, 청구문화사, 2003.

Guide to lymph Dranage Massage Ramona Moody French, milady, 2004.

Handbook of cosmetic science and technology, Marc paye. Informa healthcare, 2007.

Make-up 박춘삼, 양진희 공저, 광문각, 2001.

Make-up Artist 이론과 실기, 전용수 편저, 현문사, 2000.

MILDAY(표준피부관리학), Joel Gerson, 정담미디어, 2008.

Primary Care Dermatology, Arndt Wintroub & Robinson Leboit, W. B. Saunders company, 1997.

Sin care & cosmetic ingredients dictionary, Natalia michalun and M. Varinia michalun, Thomson learning, 2001.

The illustrated Encyclopedia of Essential oils, Julia Lawless Element books, 1995.

TRICHOLOGIST I, 예림, 한국두피모발관리사협회편, 2006.

Waxing Made Easy, A step-by-step Guide, Renee Poignard, Milady Publishing Company, 1994.

## 저자 소개


한영숙(동남보건대학 피부미용과)
장미혜(국제대학 피부미용과)
최숙경(김천대학 피부비만테라피과)
강성례(김천대학 피부비만테라피과)
김선옥(구미1대학 피부미용테라피과)
김은희(한국미용전문학교 피부미용과)
박경준(오산대학 피부미용과)
이명선(대경대학 뷰티디자인학부 피부미용과)
임미라(송곡대학 피부미용과)
장문정(대전보건대학 피부미용과)
전혜정(신흥대학 뷰티아트디자인과)
최미옥(광주여자대학교 미용과학과)
표영희(오산대학 피부미용과)
한채정(영산대학교 미용예술학과)
황해정(서울호서전문학교 미용예술과)
김주연(서경대학교 미용예술학과)
이영순(동남보건대학 피부미용과)
함명옥(동남보건대학 피부미용과)
김귀정(경북전문대학 뷰티케어과)
김연진(동우대학 피부미용과)
김정숙(대구산업정보대학 피부건강관리과)
윤미연(오산대학 피부미용과)
이연희(혜전대학 피부미용과)
임진숙(대구보건대학 뷰티코디네이션과)
장태수(서라벌대학 웰빙테라피과)
조소은(공주영상대학 코디메이크업과)
최성임(신흥대학 뷰티아트디자인과)
하명희(진주보건대학 피부미용과)
홍란희(동서울대학 뷰티코디네이션과)


# 피부미용실기


2008년 11월 1일 초판인쇄
2011년 3월 10일 초판2쇄발행

지은이 : 한영숙 · 김주연 · 장미혜 · 이영순 · 최숙경 · 함명옥 · 강성례 · 김귀정 · 김선옥 · 김연진
김은희 · 김정숙 · 박경준 · 윤미연 · 이명선 · 이연희 · 임미라 · 임진숙 · 장문정 · 장태수
전혜정 · 조소은 · 최미옥 · 최성임 · 표영희 · 하명희 · 한채정 · 홍란희 · 황해정 공 저

펴낸이 : 이상태

펴낸곳 : 청구문화사

주소 : 120-831 서울특별시 서대문구 연희1동 436-1

전화 : (02) 332-0541(代) FAX : (02) 337-9577

등록 : 1990년 11월 2일 제9-247호

가격 22,000원

ISBN 978-89-5616-276-8 93590